SERVICE DES SUBSISTANCES MILITAIRES

SERVICE
DE
L'APPROVISIONNEMENT

DANS LES CORPS ET SERVICES

Volume mis à jour à la date du 1er mai 1918.

PARIS

HENRI CHARLES-LAVAUZELLE
Éditeur militaire
124, Boulevard Saint-Germain, 124

MÊME MAISON A LIMOGES

SERVICE DES SUBSISTANCES MILITAIRES

SERVICE

DE

L'APPROVISIONNEMENT

DANS LES CORPS ET SERVICES

Volume mis à jour à la date du 1er mai 1918.

PARIS

Henri CHARLES-LAVAUZELLE

Éditeur militaire

124, Boulevard Saint-Germain, 124

MÊME MAISON A LIMOGES

SERVICE DE L'APPROVISIONNEMENT

DANS LES CORPS ET SERVICES

*Instruction sur le service de l'approvisionnement
dans les corps et services.*

Paris, le 23 janvier 1910.

OBJET DE L'INSTRUCTION.

La présente instruction a pour objet de régler, d'après les principes posés par l'instruction ministérielle sur l'alimentation en campagne, le fonctionnement, en temps de guerre, du service de l'approvisionnement en vivres, fourrages et combustibles dans les corps et services.

Elle indique :

1° Le personnel chargé de l'exécution de ce service, sa composition, ses devoirs, ses moyens d'action ;

2° Les opérations que comportent la perception et la livraison des denrées.

L'annexe n° 1 détermine le fonctionnement du service de l'approvisionnement, en temps de paix.

Une instruction spéciale règle le service dans les places fortes en temps de guerre.

TITRE IER

Personnel et moyens d'action.

CHAPITRE Ier

PERSONNEL. — SES ATTRIBUTIONS.

Dispositions générales.

Art. 1er. Dans chaque corps de troupe ou service, le fonctionnement du service de l'approvisionnement est assuré sous l'autorité supérieure du chef de corps ou de service, et sous la direction administrative et technique du sous-intendant de la formation, par un personnel comprenant, en principe :

1° Un officier d'approvisionnement ;

2° Des gradés et hommes de troupe placés d'une façon permanente sous les ordres de cet officier.

Concourent, en outre, au fonctionnement du service :

1° Les personnels du campement, du service de jour, des unités ou groupes administratifs ;

2° Dans certains cas, le personnel troupe du service des subsistances ;

3° L'officier payeur ou de détails pour certaines parties de la comptabilité.

Dans un détachement et dans une unité isolée, le chef de détachement ou de l'unité remplit les fonctions d'officier d'approvisionnement. Il peut, sous sa responsabilité, confier à un officier ou sous-officier l'exécution des détails.

Attributions de l'officier d'approvisionnement.

Art. 2. Les principales attributions de l'officier d'approvisionnement sont les suivantes :

1° Le commandement de l'ensemble du train régimentaire ;

2° Les distributions aux unités constituées et aux parties prenantes isolées ;

3° L'exploitation des ressources locales ;

4° Le ravitaillement du train régimentaire et des voitures à viande ;

5° La prise en charge et la gestion des denrées et du matériel (équipages, matériel d'exploitation).

Dans les corps et unités existant dès le temps de paix, l'officier d'approvisionnement entre en fonctions le premier jour de la mobilisation ; dans les autres corps et unités, le jour de leur constitution.

Comme commandant du train régimentaire, il est sous les ordres de son chef de corps ; il peut être, en outre, placé momentanément pour le mouvement de la totalité ou d'une partie de ce train, sous les ordres de l'officier de gendarmerie vaguemestre. Pour les distributions, il ne dépend que de son chef de corps.

Comme agent de ravitaillement, il opère conformément aux ordres du commandement, sous la direction administrative et technique des fonctionnaires de l'intendance.

Comme gestionnaire, il gère : dans un corps de troupe, au nom du conseil d'administration ; dans un quartier général ou service, en son propre nom ou comme gérant d'annexe.

Personnel sous les ordres de l'officier d'approvisionnement.

Art. 3. L'officier d'approvisionnement a sous ses ordres un personnel permanent, dont la composition (1) varie avec l'effectif et la constitution du corps ou service.

Ce personnel comprend :

1° Un ou plusieurs adjoints destinés à seconder ou à remplacer l'officier d'approvisionnement dans l'exécution de son service ;

2° Un sous-officier, chef du train régimentaire, du grade de sergent-major ou de sergent (2), chargé spécialement de l'entretien des chevaux et du matériel (3) ;

---

(1) Voir le tableau de l'annexe 2.

(2) Maréchal des logis chef ou maréchal des logis, chef du train régimentaire, dans les corps montés.

(3) Pour les corps d'infanterie, ce sous-officier provient du train des équipages, il est affecté à l'infanterie, et mobilisé par son corps d'affectation ; son action de surveillance s'étend sur l'ensemble des équipages du corps.

3° Des gradés d'encadrement et des conducteurs du train régimentaire ;

4° Un secrétaire bicycliste ;

5° Une équipe de bouchers et, dans certains éléments, des boulangers, botteleurs, etc.

En plus des fonctions spéciales indiquées ci-dessus, les gradés affectés au train régimentaire sont employés, suivant les besoins, à l'exécution des autres parties du service de l'approvisionnement.

L'officier d'approvisionnement demande à son chef de corps le personnel complémentaire qui temporairement peut lui être nécessaire.

Il règle en toute initiative, suivant les circonstances, la répartition et l'emploi du personnel permanent et temporaire sous ses ordres.

Place de l'officier d'approvisionnement.

Art. 4. L'officier d'approvisionnement a toute latitude pour se rendre à l'endroit où sa présence est le plus utile.

Il n'est pas astreint à accompagner les sections du train régimentaire dans leurs déplacements.

Il assiste au ravitaillement de la section vidée, et, en principe, à la réception du bétail sur pied ou de la viande abattue livrée par le service de l'intendance.

Pour l'exécution des opérations qu'il ne peut diriger ou exécuter lui-même, il est remplacé par son adjoint (1).

Moyens de transport de l'officier d'approvisionnement et du personnel sous ses ordres.

Art. 5. A la mobilisation, dans toutes les armes, l'officier d'approvisionnement est pourvu d'un cheval de selle et d'une bicyclette; il requiert, pour lui ou pour son adjoint, une voiture légère lorsque ce moyen de transport est nécessaire à l'exécution de son service ; il rend compte à son chef de corps des motifs de cette réquisition.

---

(1) D'une façon générale, lorsqu'il s'agit de l'exécution du service, le mot « officier d'approvisionnement », dans le texte de l'instruction, sert à désigner cet officier ou son adjoint.

Dans toutes les armes, l'adjoint et, dans les corps non montés et services, le secrétaire de l'officier d'approvisionnement reçoivent une bicyclette : ils sont autorisés à prendre place sur les voitures du train régimentaire.

Les bouchers sont, en principe, transportés sur les voitures à viande.

Exemption de service.

Art. 6. L'officier d'approvisionnement qui n'est pas commandant d'unité, ainsi que le personnel sous ses ordres, sont exemptés de tout autre service.

Toutefois, dans les détachements, la limite de l'exemption de service est déterminée par le chef de détachement.

Dans les quartiers généraux et services, les officiers d'approvisionnement peuvent être appelés, en cas de nécessité, à cumuler leur emploi spécial avec une autre fonction.

Concours du personnel du campement, du service de jour et des unités.

Art. 7. Les personnels du campement et des unités concourent à l'exploitation des ressources locales, le personnel du service de jour à l'exécution des distributions.

Le rôle de ce personnel est défini par la présente instruction.

Personnel du service des subsistances. — Concours qu'il prête aux officiers d'approvisionnement.

Art. 8. Lorsqu'un corps ou service ne possède pas les moyens nécessaires pour l'exécution de certaines opérations (abat du bétail, bottelage de récoltes sur pied, etc.), des ouvriers militaires d'administration peuvent être mis par le service de l'intendance à la disposition de l'officier d'approvisionnement.

Réciproquement, l'officier d'approvisionnement et le personnel sous ses ordres prêtent leur concours au service des subsistances, lorsque celui-ci est chargé d'assurer l'exploitation des ressources locales dans les cantonnements occupés par la troupe.

Officier payeur ou de détails.

Art. 9. L'officier payeur poursuit les imputations des perceptions, les remboursements des dépenses faites, la régularisation de la comptabilité. Son rôle est indiqué au titre V.

Direction administrative et technique des fonctionnaires de l'intendance.

Art. 10. La direction administrative et technique des fonctionnaires de l'intendance s'applique aux diverses opérations du ravitaillement, à la gestion et à l'entretien des approvisionnements.

A cet effet, en vue d'assurer l'exécution des ordres du commandement, le sous-intendant adresse à l'officier d'approvisionnement toutes les instructions utiles.

Le sous-intendant et l'officier d'approvisionnement ont des relations quotidiennes; en principe, ils se mettent en contact au point de ravitaillement du train régimentaire; ils sont autorisés à correspondre directement entre eux.

Le sous-intendant notifie à l'officier d'approvisionnement les prix-limites fixés pour les achats. En outre, il lui communique les renseignements qu'il a pu recueillir sur les localités à exploiter et sur les prix courants des denrées; de son côté, l'officier d'approvisionnement fait connaître au sous-intendant les ressources qui resteraient encore disponibles dans les cantonnements, après exploitation par le corps. Le sous-intendant coordonne l'action des différents officiers d'approvisionnement.

Ce fonctionnaire s'assure de l'exactitude des bons de réapprovisionnement et du bien-fondé des demandes de vivres. Il procède à la vérification de la comptabilité du service de l'approvisionnement et au recensement du matériel et des approvisionnements de ce service.

L'officier d'approvisionnement communique les instructions qu'il reçoit du service de l'intendance à son chef de corps. Si, exceptionnellement, ce dernier estime que l'application des mesures prescrites présente des inconvénients sérieux, il peut, sous sa responsabilité, modifier en tout ou partie les instructions dont il s'agit, à charge d'en aviser le sous-intendant et d'en rendre compte au commandement.

Quand l'action directrice du sous-intendant ne peut s'exercer, l'officier d'approvisionnement agit de sa propre initiative.

Désignation de l'officier d'approvisionnement et du personnel
sous ses ordres.

Art 11. L'annexe n° 2 indique :

1° Les corps, détachements, groupes, unités, quartiers généraux et services (1) dotés d'un officier d'approvisionnement ;

2° L'officier chargé des fonctions d'officier d'approvisionnement ;

3° Le personnel permanent placé sous les ordres de cet officier ;

4° Les autorités qui ont qualité pour désigner, dès le temps de paix, cet officier et son personnel.

L'officier, les gradés et les soldats sont choisis parmi ceux ayant les aptitudes nécessaires.

L'officier d'approvisionnement doit être vigoureux, énergique, bon cavalier, capable d'initiative.

Dans chaque corps de troupe, un officier au moins, en plus du titulaire, doit être prêt à exercer, le cas échéant, les fonctions d'officier d'approvisionnement.

Instruction à donner au personnel de l'approvisionnement.

Art. 12. Les officiers du cadre actif, de la réserve et de l'armée territoriale, proposés pour exercer les fonctions d'officier d'approvisionnement, sont astreints :

1° A suivre un cours technique fait par un fonctionnaire de l'intendance et consistant en une série de conférences et d'exercices pratiques spéciaux (2) ;

2° A accomplir un stage au train des équipages militaires (3).

Les officiers du cadre actif reçoivent cette double instruction (3) (4) dans l'année de leur proposition ; les officiers de la réserve et de l'armée territoriale pendant leurs convocations (5).

Les officiers désignés comme officiers d'approvisionnement instruisent le personnel sous leurs ordres au point de vue technique. Les sous-officiers des corps non montés accomplissent, en outre, un stage au train des équipages.

---

(1) Dans les convois du service des subsistances et dans les boulangeries de campagne, les fonctions d'officier d'approvisionnement sont remplies, pour l'ensemble du personnel (hommes et chevaux), par un officier de la compagnie du train des équipages qui attelle l'élément.

(2) Pour tous les officiers proposés.

(3) Pour les officiers des corps de troupe non montés et les officiers d'administration.

(4) Pour tous les officiers proposés.

(5) Les convocations sont réglées en conséquence aux lieux et époques fixés pour les cours et stages suivis par les officiers du cadre actif.

L'organisation et le programme du cours technique et des stages sont réglés par des instructions ministérielles.

Les officiers d'approvisionnement et les personnels sous leurs ordres appartenant à l'armée active, à la réserve ou à l'armée territoriale, sont exercés à leurs fonctions spéciales pendant les manœuvres, les marches et les séjours dans les camps d'instruction.

Dans les corps où il existe une commission des ordinaires, les officiers de l'armée active, désignés comme officiers d'approvisionnement, sont appelés à remplir les fonctions de secrétaire de cette commission.

CHAPITRE II

TRAIN RÉGIMENTAIRE ET VOITURES A VIANDE.

Constitution et sectionnement du train régimentaire.

Art. 13. Le train régimentaire est composé de fourgons à vivres et de voitures diverses dont le nombre est fixé par les instructions ministérielles.

D'autres voitures ne peuvent être ajoutées que dans des cas exceptionnels et sous la responsabilité du chef de corps ou de service.

En principe, le train régimentaire est fractionné en trois sections comprenant :

La section de distribution (1) :

Les fourgons à vivres pleins destinés, en totalité ou en partie, à assurer la distribution du jour ;

La section de ravitaillement (1) .

Les fourgons vidés lors de la distribution précédente, puis envoyés au point de ravitaillement ;

La section de réserve :

Les fourgons spéciaux portant la réserve de vivres définie à l'article 14, les équipages divers, les chevaux haut-le-pied et de main, etc...

---

(1) L'expression *distribution* s'applique à la livraison aux parties prenantes et aux consommateurs; l'expression *ravitaillement* s'applique au recomplètement des trains régimentaires et des voitures à viande.

Les fourgons des deux premières sections sont employés alternativement aux distributions et à leur propre ravitaillement.

Dans les petites unités, en raison du nombre restreint de fourgons qui leur sont affectés, les bagages et les vivres sont portés par les mêmes voitures ; il n'est constitué, en ce cas, que deux sections ; chacune d'elles peut ne comporter qu'une voiture. En général, ces sections marchent séparément : l'une sert au transport des vivres et des bagages, l'autre est affectée au ravitaillement.

Dans les régiments de cavalerie et groupes d'artillerie à cheval des divisions de cavalerie, les voitures du train régimentaire ne forment qu'une section.

Lorsqu'une fraction, égale ou supérieure à un bataillon, à un escadron, une batterie, est détachée. le chef de corps lui affecte, s'il le juge nécessaire, un nombre de fourgons à vivres proportionné à l'effectif de cette fraction.

Dans le grand quartier général des armées et les quartiers généraux d'armée, le train régimentaire de chacun de ces deux groupes est divisé en deux sections distinctes ; la première comprend les fourgons à vivres, la deuxième, les fourgons à bagages, les équipages divers, les chevaux haut-le-pied et de main.

Les convois administratifs, les réserves de commis et ouvriers militaires d'administration, ne comportent pas de train régimentaire.

Composition et destination du chargement du train régimentaire.

Art. 14. L'ensemble des fourgons des deux premières sections du train régimentaire porte normalement deux jours de vivres (1), au taux de la ration forte.

Des fourgons spéciaux faisant partie de la section de réserve transportent :

1° Un supplément de sucre et de café correspondant à la différence qui existe pour ces denrées, entre le taux d'une ration de réserve et celui d'une ration forte ;

---

(1) Sauf dans les régiments et les groupes d'artillerie des divisions de cavalerie, qui ne disposent que d'un jour, les convois administratifs, les réserves de commis et ouvriers militaires d'administration qui n'ont pas de vivres régimentaires.

2° La viande de conserve, le potage salé et l'eau-de-vie (1) qui ne sont distribués que dans des circonstances particulières ;

3° Le tabac (1-2).

Les équipages divers sont chargés conformément aux prescriptions spéciales qui les concernent.

La *dotation réglementaire* des deux premières sections et des fourgons spéciaux est déterminée en prenant pour base *l'effectif de guerre* du corps ou service.

Sauf en cas de changement dans la constitution du corps ou service, cette dotation n'est pas modifiée au cours des opérations, malgré les pertes qui se produiront en hommes et en chevaux ; elle est inscrite pour mémoire en tête des colonnes du journal des entrées et sorties tenu par l'officier d'approvisionnement (art. 55).

En raison des pertes, les approvisionnements d'une section, lorsqu'ils seront complets, seront supérieurs à ceux nécessaires pour assurer la distribution à titre gratuit d'un jour de vivres à *l'effectif réel* du corps ou service.

Les ressources qui resteront disponibles dans la section après cette distribution, permettront à l'officier d'approvisionnement de satisfaire, au moins en partie, à d'autres demandes de vivres (art. 23).

Si ces disponibilités sont insuffisantes, le complément pourra être prélevé sur l'autre section du train régimentaire.

Pour que ce prélèvement soit possible, il est nécessaire que la section rejoigne, en temps opportun, le cantonnement des parties prenantes intéressées.

Les vivres chargés sur les fourgons spéciaux constituent une réserve utilisée, lorsqu'il est nécessaire, soit de reconstituer une ration de vivres de réserve consommée par la troupe, soit seulement de substituer dans les vivres du jour, la viande de

---

(1) L'eau-de-vie et le tabac sont contenus dans des récipients que les corps se procurent à cet effet, au moment de la mobilisation, par achat ou par réquisition. Les récipients destinés à l'eau-de-vie sont des fûts en bois de 100, 50 30 ou 25 litres, ou des bonbonnes ou bouteilles revêtues d'osier.

(2) Le tabac transporté par le train régimentaire ne constitue pas une réserve ; il est seulement destiné à assurer la plus prochaine distribution. Afin de limiter les quantités à transporter, le chef de corps peut prescrire de distribuer le tabac aux diverses unités à des jours différents.

conserve et le potage salé à la viande fraîche, demi-salée ou frigorifiée.

Dans chaque section, les poids sont répartis aussi également que possible entre les voitures.

Un tableau de chargement, établi par l'officier d'approvisionnement, indique l'affectation et le mode de chargement de chaque voiture.

Commandement et encadrement du train régimentaire.

Art. 15. L'ensemble du train régimentaire est commandé par l'officier d'approvisionnement, dans les conditions prévues aux articles 2 et 3.

Le sous-officier chef du train régimentaire exerce, sous les ordres de l'officier d'approvisionnement, le commandement du train régimentaire. En outre, il commande directement la section de réserve, avec laquelle il marche en principe.

Chaque section du train régimentaire est commandée soit par un sous-officier, soit par un caporal ou brigadier, suivant l'importance de la section, même si celle-ci ne comporte qu'une voiture.

L'annexe n° 2 indique le personnel d'encadrement du train régimentaire de chaque élément.

Dans le grand quartier général des armées, et dans un quartier général d'armée ou de corps d'armée, le commandement des sections de vivres est distinct de celui de la section des bagages : le premier est exercé par l'officier d'approvisionnement, le second par l'officier du train des équipages.

Devoirs des gradés d'encadrement.

Art. 16. Le chef de chacune des sections du train régimentaire est responsable, dans sa section, de l'ordre et de la discipline pendant les marches et les stationnements, des soins à donner aux attelages, de l'entretien des voitures et du harnachement, de la conservation des denrées et du matériel portés sur les voitures.

Mouvements du train régimentaire.

Art. 17. Les itinéraires, la place, le groupement des sections du train régimentaire à l'intérieur ou à la suite des colonnes, leurs cantonnements sont prescrits par le commandement.

Le mouvement de la section de distribution est réglé de manière à effectuer la livraison des vivres du jour aussitôt que possible, après l'arrivée de la troupe au cantonnement.

Le chef de la section de distribution se tient en relations, soit directement, soit par l'intermédiaire du chef de groupe des sections, avec son corps ou service; il doit en connaître toujours, au moins, la direction générale, de façon à éviter tout retard pour le ralliement.

Après la distribution, la section est, soit maintenue sur place, soit dirigée sur un point de groupement choisi en raison du plus prochain ravitaillement.

Le nombre des fourgons envoyés au ravitaillement est réduit au minimum.

Après avoir été recomplétée, la section de ravitaillement gagne, s'il est possible, le cantonnement de sa troupe ; en tout cas, elle est poussée assez en avant pour prendre place le lendemain à l'intérieur ou à la suite des colonnes.

La section de réserve est, en général, réunie à la section de distribution pendant les marches; mais, dans certaines circonstances, cette dernière est seule poussée dans les cantonnements (1).

Les fourgons spéciaux qui ont été vidés sont rattachés à la section de ravitaillement lorsqu'ils sont dirigés sur la gare ou le centre de ravitaillement.

Les mouvements des sections sont réglés de façon à éviter des parcours inutiles.

Les trains régimentaires des petites unités ne sont pas laissés isolés.

Conduite, marche, stationnement des trains régimentaires.

Art. 18. Quand les trains régimentaires d'une colonne sont groupés, soit en totalité, soit par parties, le commandement supérieur, la direction et la police du groupe sont exercés par un officier de gendarmerie ou, à défaut, par le plus ancien officier ou gradé présent.

A grade égal, un officier de gendarmerie a autorité sur les officiers d'approvisionnement.

---

(1) Il ressort de ces dispositions que les trois sections d'un train régimentaire peuvent occuper en même temps trois cantonnements différents.

Les voitures sont mises en route assez à temps pour prendre place dans la colonne à l'heure et dans l'ordre prescrits ; la marche s'exécute sur le côté droit de la route, sur une file, en laissant un mètre entre chaque voiture. Les arrêts sont fixés, autant que possible, en dehors des localités, en évitant d'encombrer le passage aux endroits difficiles ou étroits.

En principe, les trains régimentaires ne stationnent pas sur les routes ; pour les arrêts de quelque durée, les voitures sont rangées sur les terrains voisins.

La dislocation d'un groupe de sections appartenant à des corps différents, est prescrite par le commandant de ce groupe.

Au cantonnement, le parc est choisi de manière à faciliter les distributions et la surveillance, et à ne pas gêner la circulation.

Voitures à viande.

Art. 19. Lorsque les voitures à viande sont chargées d'assurer, dès l'arrivée de la troupe au cantonnement, la distribution de la viande pour les repas du soir et du lendemain matin, elles marchent au train de combat.

Si la troupe est dotée à la fois de cuisines roulante et de voitures à viande, les voitures à viande peuvent marcher avec l'une des sections du train régimentaire.

Lorsque les voitures à viande sont envoyées au ravitaillement, elles sont réunies par corps, et marchent sous les ordres du chef de l'équipe des bouchers pour gagner, soit le centre d'abat du troupeau, soit le point de contact des voitures automobiles à viande.

Éléments ne disposant pas d'un train régimentaire ou de voitures à viande.

Art. 20. Les états-majors, services, fractions qui ne sont pas dotés d'un train régimentaire ou de voitures à viande sont rattachés au corps ou service le plus voisin, soit d'une manière permanente, soit par l'ordre journalier, en vue de leur alimentation complète ou seulement de la fourniture de la viande.

A défaut d'ordre, le commandant d'un tel élément s'adresse au commandant de son cantonnement ou du cantonnement le plus voisin. Ce dernier officier prescrit les mesures nécessaires pour assurer l'alimentation de cet élément.

TITRE II

Distributions.

Mode général d'alimentation. — Objet des distributions.

Art. 21. L'alimentation est assurée par des allocations en nature et des allocations en deniers.

Les allocations en nature comprennent l'ensemble des vivres du jour au taux de la ration prescrite (1), tels qu'ils sont définis par l'instruction sur l'alimentation en campagne. Ces vivres sont distribués à titre gratuit.

Les allocations en deniers consistent en une prime fixe journalière destinée à alimenter les fonds de l'ordinaire. A l'aide de ces fonds, les commandants d'unité ou des groupes d'isolés augmentent la ration prescrite et varient la nourriture ; ils se procurent les denrées nécessaires par des achats sur le pays ou, à défaut, par des perceptions, à titre remboursable, demandées à l'officier d'approvisionnement ou au service des subsistances.

Les denrées perçues à titre remboursable ne sont pas payées directement au distributeur ; leur valeur est remboursée dans les conditions indiquées à l'article 61.

Ressources pour effectuer les distributions.

Art. 22. Les distributions sont effectuées au moyen des ressources locales, des approvisionnements du train régimentaire et des voitures à viande.

Parties prenantes collectives et isolées ayant droit aux distributions.

Art. 23. Pour éviter l'encombrement et la lenteur des opérations, les parties prenantes collectives et isolées, admises à se présenter aux distributions, sont limitées, en principe, aux catégories ci-après : unités administratives (compagnies, escadrons, batteries), détachements régulièrement constitués, groupes d'isolés formant des tables distinctes, officiers isolés en mission.

---

(1) Ration normale, forte ou de réserve, supplément de ration

L'officier d'approvisionnement assure :

Normalement, les distributions à titre gratuit aux parties prenantes du corps ou de l'élément auquel il appartient.

Éventuellement :

1° Les distributions à titre gratuit aux parties prenantes étrangères visées à l'article 20, qu'un ordre du commandement aurait rattachées à la formation pour l'alimentation ;

2° Dans les limites fixées par les chefs de corps, en tenant compte des ressources disponibles :

a) Les distributions à titre gratuit aux parties prenantes étrangères qui se trouvent éloignées momentanément, dans des circonstances imprévues, du corps ou service chargé normalement de les alimenter ;

b) Les distributions à titre remboursable, tant à l'intérieur du corps qu'aux parties prenantes étrangères.

Si le chef de corps n'autorise pas les distributions éventuelles, en tout ou en partie, aux parties prenantes étrangères visées aux alinéas *a*) et *b*) ci-dessus, il en rend compte au commandement.

Le chef de corps exerce une surveillance régulière sur les distributions faites aux unités sous ses ordres ; l'officier payeur lui rend compte des perceptions à titre gratuit qui auraient été supérieures aux droits des unités.

Bons de distribution.

Art. 24. Toutes les perceptions sont faites en échange de bons établis par chaque unité administrative, groupe d'isolés, détachements, fractions constituées étrangères, officier isolé en mission (1).

Les bons portent la mention de la formation, du corps ou service de l'unité ou groupe d'isolés, au titre desquels ils sont fournis. Ils sont signés et datés par le chef de la partie prenante ou par l'isolé.

La contexture des bons est différente suivant qu'ils concernent des distributions à titre gratuit ou à titre remboursable (modèle n°ˢ 1 et 2).

---

(1) L'officier d'approvisionnement tient des formules de bons à la disposition des parties prenantes étrangères.

Les bons sont distincts : 1° pour la viande fraîche ; 2° pour les autres denrées.

Les bons à titre gratuit indiquent la nature des fournitures, les quantités demandées (en chiffres), les quantités réellement perçues (en chiffres et en toutes lettres) ; ils mentionnent au verso, lorsqu'il s'agit d'officiers sans troupe et d'employés militaires, le détail nominatif et le nombre de rations revenant à chacun d'eux.

Les bons à titre remboursable indiquent, en outre, le prix et le décompte d'après les tarifs établis par le service de l'intendance.

Un même bon à titre gratuit ou remboursable ne doit pas comprendre des distributions relatives à des journées de trimestres différents.

Pour simplifier les distributions des denrées ci-après, les quantités inscrites sur les bons des compagnies, escadrons ou batteries, groupes d'isolés d'effectif important, sont arrondies :

La viande, le combustible, les fourrages, au kilogramme ;

Le vin, la bière ou le cidre, au litre ;

L'eau-de-vie, au quart de litre ;

Le sel, le sucre, le café, le riz, les légumes secs, le lard (ou le saindoux), au demi-kilogramme.

En ce qui concerne le tabac :

1° Le tabac caporal est distribué au poids ; les quantités perçues doivent correspondre, au maximum, à une consommation journalière de 20 grammes par officier ;

2° Le tabac de cantine étant empaqueté par 100 grammes, le paquet ne correspond pas à un nombre exact de rations. Pour éviter des complications d'écritures et pour faciliter les distributions, le tabac de cantine est délivré à raison d'un paquet pour sept jours et par homme.

Les commandants d'unité ou de groupes d'isolés ont soin d'établir les bons à titre gratuit de manière à compenser les trop ou les moins-perçus résultant de l'arrondissement des quantités par excès ou par défaut.

Exécution des distributions.

Art. 25. Les distributions sont faites le plus tôt possible, après l'installation de la troupe au cantonnement.

Les chefs de corps ou de service fixent les emplacements et les heures des distributions.

Les corvées nécessaires sont fournies par les différentes unités.

Le commandant de la fraction de jour préside à la distribution.

L'officier d'approvisionnement fait réunir aux emplacements et aux heures indiqués par le chef de corps : les fourgons du train régimentaire, les voitures à viande, ainsi que les denrées qui, provenant des ressources locales, doivent être distribuées directement aux parties prenantes.

En outre, il désigne les endroits où seront livrées certaines de ces denrées (foin, paille, combustible, etc.), qu'il n'y aurait pas avantage de transporter au centre principal de distribution.

Le commandant de la fraction de jour, ainsi que le vétérinaire ou le médecin de jour présent, visitent la viande fraîche à distribuer ; la viande reconnue impropre à la consommation est remplacée, en cas de nécessité, et sur l'ordre du commandant de la fraction de jour, par de la viande de conserve et du potage salé.

Le représentant de chaque partie prenante fait connaître à l'officier d'approvisionnement les quantités qu'il est chargé de percevoir, tant à titre gratuit qu'à titre remboursable. Avant toute distribution, l'officier d'approvisionnement compare l'ensemble des demandes aux ressources dont il dispose.

Si ces dernières sont insuffisantes, le commandant de la fraction de jour fait assurer d'abord les distributions à *titre gratuit*. En cas de nécessité, il opère des réductions au prorata des demandes ; elles portent d'abord sur les distributions à *titre remboursable*, qui peuvent être supprimées en totalité.

Les représentants des parties prenantes complètent les bons par l'inscription des quantités réellement perçues ; si des réductions ont été opérées sur les demandes, ils reçoivent, séance tenante, une attestation du commandant de la fraction de jour.

Les bons sont complétés de la même manière, s'il est distribué des denrées de substitution en échange de celles inscrites sur les bons.

L'officier d'approvisionnement procède ensuite aux distributions.

Les bons lui sont remis directement par les représentants des parties prenantes en échange des livraisons.

En cas de contestation sur la qualité ou la quantité des denrées, le commandant de la fraction de jour prononce.

Chaque officier d'approvisionnement est pourvu d'un outillage de distribution (annexe n° 5). S'il ne dispose pas d'un outillage ou du temps nécessaire, il effectue les distributions d'après les indications qui figurent à la notice n° 5.

L'officier d'approvisionnement, absent au moment de la distribution, est remplacé par le commandant de la section de distribution.

Si les vivres ont été préparés ou déposés à l'avance, ou si l'officier d'approvisionnement ou son représentant n'est pas présent, le commandant de la fraction de jour procède à la distribution de ces vivres et remet ensuite à l'officier d'approvisionnement les bons de distribution qu'il a reçus.

Distribution du tabac.

Art. 26. Lorsque les troupes ont droit aux vivres de campagne, et seulement dans le cas de mobilisation générale, le tabac est distribué à titre gratuit aux officiers et à la troupe, dans la limite de la ration journalière (1).

Dans tous les autres cas, les distributions de tabac sont effectuées à titre onéreux.

N'ont droit aux distributions de tabac, faites par l'officier d'approvisionnement, que les parties prenantes du corps et les parties prenantes étrangères rattachées à ce corps pour l'alimentation par ordre du commandement.

La périodicité des distributions est réglée de telle sorte qu'à chacune d'elles, chaque homme reçoive un paquet de tabac entier, et que la quantité à transporter par le train régimentaire soit réduite au minimum.

Vivres de réserve.

Art. 27. A son entrée en fonctions, l'officier d'approvisionnement, après avoir pris livraison des vivres de réserve du corps, les remet gratuitement aux unités avant leur départ des lieux de mobilisation, contre des bons de distribution.

Les commandants d'unités sont comptables de ces vivres.

Lorsqu'une ration de vivres de réserve a été consommée, elle est immédiatement reconstituée, à l'aide des ressources de l'une des deux premières sections du train régimentaire et des fourgons spéciaux de la section de réserve.

---

(1) Circulaire du 18 août 1910 (B. O., p. 1593).

Le train régimentaire ne contenant pas de pain de guerre, celui-ci est momentanément remplacé, dans les vivres de réserve, par du pain biscuité, jusqu'au moment où le pain de guerre peut être reçu de l'arrière.

Destination à donner aux bons de distribution par l'officier
d'approvisionnement.

Art. 28. Chaque jour, autant que possible, au fur et à mesure des distributions, l'officier d'approvisionnement inscrit sur un journal des entrées et sorties (art. 55) tous les bons qu'il a reçus, et les remet le jour même à l'officier payeur.

TITRE III

Exploitation des ressources locales.

CHAPITRE Ier

DISPOSITIONS GÉNÉRALES.

Objet et mode d'exploitation

Art. 29. L'exploitation des ressources locales a pour objet :

1° De procurer directement à la troupe : le foin, la paille, le combustible, les liquides autres que l'eau-de-vie, les vivres d'ordinaire tels que les légumes frais et les denrées de substitution qui permettent de varier la nourriture ;

2° De ravitailler le train régimentaire et les voitures à viande.

En principe, cette exploitation est faite par l'officier d'approvisionnement (1), sous l'autorité du commandant du cantonnement, avec le concours du personnel du campement et des unités.

Dans certains cas et pour certaines denrées, le chef de corps peut charger les commandants d'unités de cette opération (art. 38).

____

(1) Dans une section de convoi et dans une boulangerie de campagne, l'officier gestionnaire et l'officier d'approvisionnement (lieutenant du train des équipages) exploitent l'un et l'autre les ressources locales : le premier, pour recompléter le convoi ou la boulangerie; le second, pour tirer du pays les denrées autres que celles pouvant être fournies par ces organes.

Concours à prêter par le personnel du campement.

Art. 30. En arrivant dans la localité où la troupe à laquelle il appartient doit cantonner, l'officier (ou le sous-officier) chef du campement, après avoir procédé à la répartition du cantonnement, s'enquiert auprès de la municipalité et des habitants des ressources locales en vivres, bétail, fourrages, paille de couchage, combustible.

En outre, il prescrit aux fourriers (1) de rechercher et de lui faire connaître le plus tôt possible, celles de ces ressources qui se trouvent dans les parties du cantonnement attribuées à chaque unité.

Lorsqu'il en a reçu l'ordre, il notifie à la municipalité les avis et les ordres concernant, soit les achats ou les réquisitions, soit la fourniture des repas par les habitants.

Dès que l'officier d'approvisionnement rallie le cantonnement, le chef du campement lui transmet tous les renseignements qu'il a recueillis et lui donne les explications nécessaires sur les mesures d'exécution déjà prises.

L'officier d'approvisionnement régularise ensuite ces opérations.

Concours à prêter par les commandants d'unités et le personnel sous leurs ordres.

Art. 31. Dès que la troupe a pris possession de son cantonnement, les commandants d'unités font poursuivre par les officiers et les gradés sous leurs ordres, dans le secteur attribué à leur unité, les recherches entreprises par le personnel du campement pour découvrir les ressources locales.

Ils font parvenir les renseignements recueillis à l'officier d'approvisionnement, par l'intermédiaire du commandant de la fraction de jour.

Mesures à prendre par l'officier d'approvisionnement.

Art. 32. L'officier d'approvisionnement se met en rapport avec le chef du campement et, s'il est utile, avec les commandants d'unités.

Il se rend ensuite à la mairie, où il complète les renseignements qui lui ont été fournis.

---

(1) Les fourriers doivent recevoir, en temps de paix, une instruction spéciale qui les prépare à renseigner sur les ressources existant dans le cantonnement de leur unité.

Il traite de préférence avec la municipalité qu'il considère comme fournisseur unique, et qu'il charge de centraliser les fournitures en un ou plusieurs endroits qu'il indique ; chaque commune fait accompagner par un délégué les fournitures qu'elle livre.

CHAPITRE II

ACHATS ET RÉQUISITIONS.

Achats par l'officier d'approvisionnement.

Art. 33. Les achats se font directement de gré à gré. L'officier d'approvisionnement discute les prix en prenant la mercuriale locale comme base. Il ne dépasse pas les taux-limites, s'il en a été établi par le service de l'intendance.

Lorsque les prix demandés dépassent ces tarifs-limites, ou s'ils sont inacceptables, l'officier d'approvisionnement recourt à la réquisition.

L'achat est suivi du payement total immédiat ; l'officier d'approvisionnement reçoit, à cet effet, les avances nécessaires.

L'achat et le payement sont constatés soit par une facture si la dépense totale excède 10 francs, soit par une quittance si la dépense est égale ou inférieure à 10 francs.

Ces factures et quittances sont extraites de carnets à souche délivrés aux corps et services par les fonctionnaires de l'intendance (modèle n** 3 et 4).

Avant d'être remises à l'officier d'approvisionnement, les factures sont timbrées (timbre de dimension et timbre de quittance), dans un corps de troupe par l'officier payeur, dans un service par le gestionnaire.

L'avance des frais de timbre est faite au titre du service des subsistances ; ces frais sont précomptés au livrancier lors du payement ; les corps et gestionnaires rentrent ainsi dans les avances qu'ils ont faites.

Sur chaque facture ou quittance, le fournisseur appose son acquit (1) et l'officier d'approvisionnement, la mention de prise en charge.

---

(1) Si le fournisseur est illettré ou ne peut écrire, la déclaration est faite sur la facture ou la quittance par l'officier d'approvisionnement qui la signe et la fait signer par deux témoins présents au moment du payement, quelle que soit l'importance de la somme payée. (Art. 196, § 10, de l'instruction du 30 juillet 1903, vol. 24).

Lorsque cet officier veut obtenir une nouvelle avance de fonds, il remet à l'officier payeur les factures et quittances utilisées et conserve les talons correspondants à l'appui de sa comptabilité.

Si, à la fin des opérations, des factures timbrées n'ont pas été employées, elles sont conservées par les corps de troupe ou les gestionnaires, soit comme avances provisoires faites par le corps au service des subsistances, soit comme valeur faisant partie des fonds de ce service, au lieu et place de numéraire.

Les dispositions concernant les frais de timbre de dimension et de quittance cessent d'être applicables aux armées opérant sur un territoire ennemi ou étranger lorsqu'il n'existe dans la localité aucune autorité française pour remplir cette formalité.

Réquisitions par l'officier d'approvisionnement.

Art. 34. L'officier d'approvisionnement, ou tout officier auquel a été délégué le droit de requérir, recourt à la réquisition lorsqu'il ne peut procéder par achat.

A moins d'ordre spécial du commandement, il n'exerce des réquisitions que dans le territoire assigné pour le cantonnement de son corps.

Les vivres et denrées ci-après ne doivent pas être considérés comme pouvant être requis :

Les vivres d'une famille pour trois jours ;

Les grains et denrées analogues pour huit jours ;

Les fourrages destinés au bétail pour quinze jours.

L'officier d'approvisionnement conserve les talons des ordres de réquisition et des reçus de prestations jusqu'à la remise de sa comptabilité (art. 55) à l'officier payeur.

Le payement des fournitures obtenues par voie de réquisition est opéré ultérieurement, sans que l'officier d'approvisionnement ait à intervenir.

Achats et réquisitions de bétail.

Art. 35. L'officier d'approvisionnement opère comme il est prescrit aux articles 33 et 34. Il se réfère aux indications de l'annexe n° 7, pour apprécier les animaux ; il s'adjoint un gradé ou soldat boucher.

Toutes les fois qu'il est possible, un vétérinaire ou médecin visite l'animal avant la livraison ; il l'accepte ou le refuse au point de vue sanitaire ; sa décision est définitive.

A défaut de moyens réguliers de pesée, le poids brut de chaque animal est évalué contradictoirement entre le fournisseur et l'officier d'approvisionnement ; ce poids est inscrit sur la facture d'achat, soit sur le reçu de réquisition.

Abat du bétail (1).

Art. 36. Les corps disposent, pour l'abat du bétail, d'un personnel spécial muni d'une série régimentaire d'outils de boucher énumérés à l'annexe n° 5.

Le vétérinaire ou le médecin de jour visite la viande dès qu'elle est abattue.

L'annexe n° 7 indique la manière d'opérer l'abat, le dépècement, les distributions, ainsi que les moyens de reconnaître l'état de l'animal.

Les issues non vénales, le sang, les viscères, ainsi que les animaux atteints de maladies sont enfouis ; l'officier d'approvisionnement est responsable de l'exécution de cette opération.

Les issues vénales sont vendues sur place ; le montant du prix de vente est encaissé par l'officier d'approvisionnement, puis versé par l'officier payeur à la caisse des payeurs aux armées faisant fonctions de receveurs des domaines.

Si cette vente ne peut être faite, les issues sont remises à la municipalité qui en délivre récépissé.

Si, à l'abat, la bête est reconnue impropre à la consommation, un procès-verbal de perte est établi dans les conditions de l'annexe n° 7 ; la viande est dénaturée, et l'animal enfoui.

La viande excédant les besoins de la distribution courante est emportée pour celle du lendemain, après avoir été légèrement salée.

Dispositions spéciales au feu, à la lumière et à la paille de couchage.

Art. 37. Les troupes *logées* et *cantonnées* ont droit au combustible de chauffage et de cuisson et à la lumière.

Ces fournitures, inséparables du cantonnement, leur sont assurées gratuitement, soit par chaque logeur qui, à défaut de ressources personnelles suffisantes, doit demander les compléments nécessaires à la municipalité, soit par cette dernière dans les bâtiments qui lui appartiennent et dans ceux dont les propriétaires ne seraient ni présents ni représentés.

---

(1) Modifié. (Circ. du 3 septembre 1912, B. O., p. 1615.)

Exceptionnellement, l'officier d'approvisionnement assure lui-même ces fournitures.

Les troupes *cantonnées* ne reçoivent de paille de couchage que sur l'ordre du commandement.

Lorsqu'elle leur est allouée, elle est généralement requise. L'officier d'approvisionnement remet un ordre de réquisition à la municipalité et l'invite à prendre des mesures pour que les locaux occupés soient garnis des quantités de paille dues à la troupe.

Dès que les commandants d'unité ont pris possession du cantonnement, ils font connaître à l'officier commandant la fraction de jour les quantités de paille qui manqueraient à leur troupe. Cet officier, d'après les renseignements que lui donne l'officier d'approvisionnement, indique :

1° A chaque commandant d'unité, les noms et adresses des habitants chez lesquels il devra prendre livraison de la paille lui faisant défaut ;

2° A la municipalité, les quantités complémentaires de paille ainsi livrées.

L'officier d'approvisionnement délivre à la municipalité un reçu de la totalité de la paille requise.

La municipalité évalue les quantités fournies par chaque habitant, elle en poursuit ultérieurement le remboursement et répartit les sommes touchées au prorata des fournitures.

Le prix de remboursement est fixé en tenant compte de la valeur de la paille restée sur place.

Dans certains cas, le chef de corps peut, s'il le juge possible et préférable, faire acheter la paille de couchage.

Les troupes *bivouaquées* ont droit au combustible et à la paille de couchage ; ces fournitures sont achetées ou requises, en principe, par l'officier d'approvisionnement.

Achats et réquisitions opérés par les commandants d'unités.

Art. 38. Les commandants d'unités ne se procurent pas eux-mêmes, sur le pays, les denrées qui font normalement partie des vivres du jour, l'officier d'approvisionnement étant seul chargé de cette opération pour l'ensemble du corps.

Toutefois, dans certaines circonstances, le chef de corps peut prescrire aux commandants d'unités d'acheter ou de requérir directement la paille de couchage, le foin, la paille alimentaire et, en cas de bivouac, le combustible ; il peut également leur prescrire d'acheter ou de requérir eux-mêmes les vivres du jour, s'il estime la troupe trop éloignée pour être ravitaillée par un officier d'approvisionnement ; il avise l'officier d'approvisionnement du corps.

Tout achat effectué par un commandant d'unité et qui ne doit pas être supporté par les fonds de l'ordinaire, est remboursé à l'unité par l'officier payeur dans la limite des tarifs et sur la production de facture (1) ou de quittance.

Les commandants d'unité ont toute latitude pour varier ou augmenter la nourriture de leur troupe, au moyen d'achats sur les fonds de l'ordinaire

Si les denrées ainsi achetées sont destinées à remplacer une partie de celles qui entrent dans la constitution normale des vivres du jour, il en résulte des moins-perçus que les commandants d'unités rappellent lorsqu'ils jugent utile d'augmenter la ration journalière.

CHAPITRE III

NOURRITURE CHEZ L'HABITANT.

Art. 39. En raison des difficultés que présente une entente avec les habitants, la fourniture des repas par convention amiable n'est généralement demandée que pour des détachements d'effectif restreint.

Le chef de détachement arrête, de concert avec les habitants, la composition et le prix des repas, en le maintenant dans la limite fixée par les tarifs du commandement. Le prix convenu est payé immédiatement et directement à chaque habitant. Le payement est constaté par des certificats partiels (même modèle que celui des factures et quittances) établis par le chef de détachement et acquittés par les fournisseurs ; les certificats sont remis à l'officier payeur chargé de faire le remboursement des dépenses aux unités.

Lorsque les repas doivent être fournis par réquisition, l'offi-

---

(1) La facture est établie dans les formes indiquées à l'article 33. Si le commandant d'unité ne dispose pas de facture timbrée à l'avance, il précompte néanmoins les frais de timbre au fournisseur et la facture est timbrée ultérieurement.

cier d'approvisionnement, le chef de détachement ou l'officier de campement remet l'ordre de réquisition à la municipalité qui est chargée de fixer le nombre d'hommes et, exceptionnellement, de chevaux, à faire nourrir par chaque habitant, ou de prendre les mesures nécessaires, si elle fournit elle-même des repas. L'officier d'approvisionnement délivre ensuite à la municipalité un reçu en bloc des prestations requises.

Sauf dans le cas où ils établissent eux-mêmes les ordres de réquisition les commandants d'unité remettent à l'officier d'approvisionnement des bons de distribution en échange des demi-journées de nourriture fournies à leur unité.

Les petits détachements et les isolés (reconnaissance d'officier, patrouilles, postes de correspondance, estafettes, vélocipédistes, télégraphistes, etc.) reçoivent de l'officier qui les envoie en mission des bons de demi-journées de nourriture remplis à l'avance ; ces bons, extraits de carnets à souche, tiennent lieu à la fois d'ordres de réquisition et de reçus de prestations (modèle n° 5). Ils doivent porter toutes les indications nécessaires pour permettre de les imputer à l'unité au titre de laquelle ils sont établis. Ils sont délivrés directement aux fournisseurs qui les remettent à la municipalité chargée d'en poursuivre le remboursement, comme s'il s'agissait de prestations requises.

TITRE IV

Ravitaillement du train régimentaire et des voitures à viande.

Dispositions générales.

Art. 40. Le train régimentaire et les voitures à viande sont ravitaillés par l'exploitation des ressources locales et par des livraisons du service des subsistances.

Ces dernières sont faites par les convois administratifs, les trains de ravitaillement, les magasins et dépôts de vivres, les centres de ravitaillement en viande, etc.....

CHAPITRE Ier

RAVITAILLEMENT DU TRAIN RÉGIMENTAIRE.

---

§ Ier. — *Ravitaillement par les ressources locales.*

Art. 41. L'officier d'approvisionnement s'efforce de tirer du pays les denrées, notamment l'avoine, qui constituent le chargement du train régimentaire.

Cette reconstitution par les ressources locales ne sera, en général, que partielle. En particulier, l'officier d'approvisionnement n'achète ou ne requiert le pain que dans des cas exceptionnels, *en raison de la nécessité de faire consommer en temps opportun les approvisionnements de pain portés par les convois.*

§ 2. — *Ravitaillement par le service des subsistances.*

Denrées à percevoir par l'officier d'approvisionnement.

Art. 42. Le ravitaillement du train régimentaire par le service des subsistances a pour objet de recompléter ce train à sa dotation réglementaire.

L'officier d'approvisionnement calcule les quantités de denrées à percevoir, en retranchant de la dotation du train régimentaire la balance des entrées et des sorties portées à son journal (art. 55).

Bon de réapprovisionnement.

Art. 43. Pour la perception des denrées que le service des subsistances est chargé de lui fournir, l'officier d'approvisionnement établit, en son nom et au titre du corps ou service auquel il appartient, un bon de réapprovisionnement (modèle n° 6), qui est distinct par organe de ravitaillement du service des subsistances.

Ce bon à talon est extrait d'un carnet à souche ; il est numéroté, daté, signé par l'officier d'approvisionnement. Il indique la nature des fournitures, les quantités demandées (en chiffres), et celles réellement perçues (en chiffres et en lettres).

Les quantités sont arrondies pour :

Le pain biscuité..........	A la dizaine de pains.
Le pain de guerre, le potage salé, la viande de conserve..............	Au poids net de la caisse entière.
Les petits vivres (riz, légumes secs, sel, sucre, café torréfié en grains) et l'avoine...........	Au poids net du sac ou à la dizaine de kilogr.
La viande fraîche et le lard.	Au poids net d'un quartier ou à la dizaine de kilogr.
Le saindoux...........	Au poids net du récipient ou à la dizaine de kilogr.
Les liquides............	Au poids net du fût complet ou au litre.
Le tabac (1).............	Au kilogramme.

Exécution du ravitaillement.

Art. 44. A son arrivée à la gare ou au centre de ravitaillement, l'officier d'approvisionnement présente au sous-intendant le bon de réapprovisionnement.

Si les ressources de l'organe de ravitaillement ne permettent pas de donner satisfaction à la totalité du bon de réapprovisionnement, le sous-intendant opère les réductions nécessaires. Il indique à l'officier d'approvisionnement dans quelles conditions les denrées faisant défaut pourront être livrées.

Les denrées sont ensuite remises en échange du bon à l'officier d'approvisionnement qui inscrit au préalable, sur cette pièce et sur son talon, les quantités réellement perçues.

Cet officier vérifie la qualité et la quantité des denrées et adresse, s'il y a lieu, ses réclamations au représentant du service des subsistances. En cas de contestation, il en réfère au sous-intendant.

Les livraisons terminées, la section du train régimentaire ravitaillée est dirigée sur le cantonnement qui lui est assigné.

En cas d'absence, l'officier d'approvisionnement est remplacé par le commandant de la section du train régimentaire.

Cet officier conserve à l'appui de sa comptabilité les talons des bons de réapprovisionnement.

---

(1) Circulaire du 18 août 1910 (B. O., p. 1593).

Demandes de ravitaillement.

Art. 45. L'officier d'approvisionnement n'établit de demande de ravitaillement que s'il n'a pu percevoir à l'organe de ravitaillement la totalité des denrées portées sur le bon de réapprovisionnement.

Cet officier établit la demande sous forme d'un état sur lequel il inscrit les quantités de denrées qui restent à remplacer, en mentionnant pour mémoire les demandes de ravitaillement faites antérieurement et qui n'ont pas encore reçu satisfaction; il remet la demande au sous-intendant de la formation lors du ravitaillement du train régimentaire.

En général, cette demande ne reçoit satisfaction qu'après un certain délai, en raison du temps que nécessitent sa transmission, la préparation et le transport des denrées.

CHAPITRE II

RAVITAILLEMENT EN VIANDE FRAICHE PAR LE SERVICE DES SUBSISTANCES.

Art. 46. La viande fraîche fournie par le troupeau de ravitaillement est livrée par l'officier d'administration gérant du troupeau, soit sur pied, soit abattue, contre un bon de réapprovisionnement (modèle n° 7) établi suivant les prescriptions générales de l'article 43.

Si le bétail est livré sur pied, le bon indique : le nombre d'animaux livrés, les marques et le poids brut de chacun d'eux ; ces données sont extraites du registre des entrées et sorties du troupeau et servent à l'officier d'approvisionnement pour compléter le bon au moment de la livraison.

Si la viande est fournie abattue, le bon indique le poids net arrondi au kilogramme.

La viande demi-salée est fournie dans les mêmes conditions que la viande fraîche. La viande frigorifiée ou congelée est amenée par des convois spéciaux jusqu'au centre de ravitaillement des voitures à viande, ou exceptionnellement livrée aux gares de ravitaillement.

Les petites unités reçoivent la viande abattue soit d'un corps de troupe qui effectue lui-même l'abat, soit du service des subsistances.

CHAPITRE III

RAVITAILLEMENT EN TABAC.

Art. 47. Après chaque distribution, l'officier d'approvisionnement établit, dans les conditions indiquées à l'article 45, une demande spéciale de ravitaillement ; il prend, en principe, comme base, les quantités livrées à la dernière distribution, et adresse cette demande au sous-intendant de la formation qui la vise.

TITRE V

Gestion et comptabilité. — Régularisation des distributions et des perceptions.

CHAPITRE Ier

GESTION DE L'OFFICIER D'APPROVISIONNEMENT.

Mode de gestion.

Art. 48. Le mode de gestion diffère suivant que, l'officier d'approvisionnement appartient à un corps de troupe, à un quartier général ou à un service.

Gestion dans un corps de troupe.

Art. 49. L'officier d'approvisionnement d'un corps de troupe gère au titre du corps, comme délégué du conseil d'administration ; dans un détachement, il gère au titre du corps d'origine, comme délégué de l'officier commandant le détachement, qui relève lui-même du conseil d'administration.

Dans les éléments composés d'unités ou de fractions appartenant à divers corps, l'officier d'approvisionnement gère, à moins d'ordre contraire, au titre du corps qui domine dans l'élément par l'effectif (hommes et chevaux).

L'officier d'approvisionnement est pécuniairement responsable vis-à-vis du conseil d'administration de l'existence et du bon entretien des denrées et du matériel qu'il a en charge, des sorties ou distributions irrégulières, des omissions, des erreurs de calculs, des doubles emplois, des surcharges et altérations d'écritures.

Sa responsabilité reste entière lorsqu'il se fait remplacer dans l'une de ses fonctions par l'un de ses subordonnés.

La surveillance et la régularisation des opérations incombent au conseil d'administration.

Gestion dans un quartier général ou service (1).

Art. 50. Dans les quartiers généraux et les services (2) énumérés ci-après, l'officier d'approvisionnement se conforme, pour l'exécution de sa gestion, aux règles posées par l'instruction ministérielle sur le service des subsistances militaires en campagne.

Gère pour son propre compte et relève du bureau de comptabilité (3) désigné par le Ministre (4), l'officier d'approvisionnement de chacun des éléments ci-dessous :

Grand quartier général des armées (1er groupe);

Quartier général d'armée (2e groupe);

Groupe d'exploitation d'une division et des éléments non endivisionnés d'un corps d'armée, d'une division ou d'une brigade isolée (4) ;

Parc de bétail d'armée et de corps d'armée;

Formations sanitaires de toute nature (4).

Opère comme gérant d'annexe :

De la gestion du :	L'officier d'approvisionnement des éléments ci-dessous :
1er groupe du grand quartier général des armées...........	2e groupe du grand quartier général des armées (5).

---

(1) Article modifié par circulaire du 5 juin 1913 (*B. O.*, p. 762). Pour les formations pouvant être éventuellement constituées, il est opéré par analogie et conformément aux instructions spéciales qui les concernent.

(2) Dans les sections de convoi administratif ou de convoi auxiliaire et dans les boulangeries de campagne, l'officier du train des équipages, chargé des fonctions d'officier d'approvisionnement, gère au titre de l'escadron auquel il appartient.

(3) Ce bureau de comptabilité est établi à l'intérieur du territoire.

(4) Modification du 21 août 1917 (*B. O.*, p. 2155).

(5) Le fractionnement est éventuel.

1er groupe d'un quartier général d'armée : 2e groupe du quartier général de l'armée.

Groupe d'exploitation des éléments non endivisionnés d'un corps d'armée (1) : Quartier général du corps d'armée.

Groupe d'exploitation d'une division d'infanterie (1) : Quartier général de la division.

Service des subsistances d'une division de cavalerie (1) : Quartier général de la division.

Les officiers d'approvisionnement des formations sanitaires agiront en qualité de gestionnaires du service des subsistances à compter du 1er octobre 1917 (1).

Indemnités de gestion et de frais de bureau.

Art. 51. Une indemnité de gestion et de frais de bureau est allouée :

1° A l'officier d'approvisionnement et au commandant d'unité en faisant fonctions ;

2° Dans un détachement temporaire, à l'officier ou sous-officier désigné pour suppléer momentanément l'officier d'approvisionnement titulaire du corps.

Ces indemnités, dont le taux est indiqué à l'annexe n° 3, sont payées au titre de la solde, mensuellement et à terme échu.

Il n'est pas alloué, en principe, d'indemnité de gestion ni de frais de bureau dans les détachements inférieurs à une compagnie, escadron ou batterie.

Avances de fonds.

Art. 52. Les avances de fonds nécessaires à l'exécution du service de l'officier d'approvisionnement lui sont faites :

1° Dans un corps de troupe. { Par le conseil d'administration ;

---

(1) Modifications des 21 août et 24 septembre 1917 (B. O., p. 2455 et 2795).

2° Dans un quartier général ou service en gestion directe.	Par le service de la trésorerie sur mandat ordonnancé par le sous-intendant ;
3° Dans un quartier général ou service en gérance d'annexe.	Par le gestionnaire titulaire de la gestion dont dépend l'annexe.

A son entrée en fonctions, l'officier d'approvisionnement *d'un corps de troupe* reçoit une première avance ; lorsqu'il veut en obtenir une nouvelle, il détache de ses carnets à souche les factures et quittances d'achats, et remet ces pièces à l'officier payeur, qui lui paye le montant des sommes inscrites.

Les dispositions relatives aux avances à faire aux officiers d'approvisionnement des quartiers généraux et services sont indiquées par l'instruction sur le service des subsistances militaires en campagne.

Remboursement des dépenses d'achat des corps de troupe.

Art. 53. Les dépenses faites par un corps lui sont remboursées soit sur mandat émis par le sous-intendant de la formation, soit, en cas d'urgence, par l'officier d'administration gestionnaire du service des subsistances de la formation.

a) *Remboursement par mandat du sous-intendant.*

L'officier payeur établit, en double expédition, un relevé récapitulatif (modèle n° 8) des factures et quittances d'achat et des certificats partiels de nourriture chez l'habitant ; il inscrit sur le relevé :

1° Les quantités de denrées achetées, le prix de l'unité ;

2° Le nombre et les prix des repas fournis par l'habitant ;

3° Les dépenses effectuées.

Il remet ce relevé au gestionnaire des subsistances de la formation qui prend en charge, en bloc, les fournitures figurant sur le relevé, comme s'il les avait lui-même payées et livrées au corps.

Le gestionnaire inscrit la mention de la prise en charge sur les deux expéditions de ce relevé, et les rend à l'officier payeur qui lui délivre en échange un bon de remboursement (modèle n° 9) (1), comprenant les denrées achetées et les repas fournis.

L'officier gestionnaire fait ainsi les opérations simultanées d'entrée et de sortie.

L'officier payeur adresse ensuite au sous-intendant de la formation une demande de remboursement, appuyée des deux expéditions du relevé récapitulatif précité, des factures et quittances d'achat et des certificats partiels de nourriture.

Le sous-intendant établit un mandat de remboursement et l'envoie au corps intéressé, en y joignant : une des expéditions du relevé récapitulatif, les factures et quittances d'achat et les certificats partiels de nourriture.

Ces pièces sont remises à l'agent du Trésor lors du payement du mandat.

L'autre expédition du relevé récapitulatif est conservée par le sous-intendant, pour être mise à l'appui du rapport de liquidation ; il n'est pas établi de duplicata des factures et quittances et des certificats partiels, pour être joints à cette expédition.

b) Remboursement par l'officier d'administration gestionnaire du service des subsistances.

En cas d'urgence, l'officier d'administration gestionnaire du service des subsistances de la formation peut être invité par le sous-intendant à rembourser les dépenses effectuées.

Pour cette opération, l'officier payeur remet au gestionnaire les mêmes pièces que s'il s'agissait d'un remboursement par mandat du sous-intendant (voir paragraphe a) ci-dessus).

Dans ce cas, le gestionnaire conserve les deux expéditions du relevé récapitulatif.

CHAPITRE II

COMPTABILITÉ DU SERVICE DE L'APPROVISIONNEMENT D'UN CORPS DE TROUPE.

Objet de la comptabilité.

Art. 54. La comptabilité du service de l'approvisionnement d'un corps de troupe a pour objet de justifier :

---

(1) Ce bon n'est pas inscrit au journal de l'officier d'approvisionnement.

1° Auprès du conseil d'administration, les opérations faites en son nom, tant en deniers qu'en matières ;

2° Envers l'Etat, les opérations du conseil d'administration.

Le chef de corps est responsable de l'opportunité et le conseil d'administration, de la régularité de l'emploi des approvisionnements.

Les attributions et les responsabilités du commandant d'une unité formant corps sont à la fois celles d'un conseil d'administration et d'un officier d'approvisionnement.

Journal des entrées et sorties.

Art. 55. L'officier d'approvisionnement tient un journal mensuel des entrées et sorties (modèles n°° 10 et 11), sur lequel il inscrit distinctement les opérations de sa gérance indiquées ci-dessous, dans l'ordre où elles ont été exécutées, savoir :

a) *Aux entrées :*

1° Les quantités de denrées reçues lors de la prise en charge du train régimentaire, les vivres de débarquement, de chemin de fer et ceux de réserve perçus pour être distribués aux unités ;

2° Les sommes reçues de la caisse du corps et celles provenant de la vente des issues vénales du bétail abattu ;

3° Toutes les quantités de denrées provenant d'achats, de réquisitions, de livraisons par le service des subsistances, de prises sur l'ennemi, etc... ;

4° Les demi-journées de nourriture requises par l'officier d'approvisionnement ou en son nom.

b) *Aux sorties :*

1° Les vivres de débarquement, de chemin de fer et de réserve distribués aux unités à la mobilisation (art. 27) ;

2° Le montant en argent des factures et quittances d'achats ;

3° Les sommes versées à la caisse du corps ;

4° Les quantités de denrées distribuées à chaque partie prenante ;

5° Le nombre de demi-journées de nourriture requises par l'officier d'approvisionnement et fournies à chaque partie prenante ;

6° Les pertes, déchets ou avaries justifiés par des procès-verbaux établis dans le délai réglementaire de quarante-huit heures par le sous-intendant et rapportés par lui.

Lorsque l'officier d'approvisionnement achète directement du bétail sur pied ou en reçoit du service des subsistances, il porte d'abord en entrée le nombre d'animaux dont il a pris livraison, puis, en sortie, le nombre de ceux qu'il a fait abattre; en regard du chiffre des entrées, il mentionne le poids brut des animaux et leurs marques, s'ils ont été livrés par le service des subsistances. Il inscrit ensuite aux entrées les quantités de viande provenant de l'abat, et en sortie celles qu'il a distribuées.

Les inscriptions faites au journal doivent comporter toutes les références nécessaires pour suivre et contrôler les opérations.

A cet effet, doivent y figurer notamment :

1° Les numéros des factures et quittances d'achat, des reçus de prestations requises et des bons de réapprovisionnement ;

2° Les noms et qualités des livranciers (municipalité, particulier, gestionnaire des subsistances) ;

3° La désignation explicite de chaque partie prenante.

Pour faciliter les écritures, le journal se compose de deux parties séparées, l'une destinée à recevoir l'inscription des entrées et sorties, l'autre à faire la balance journalière de ces opérations.

Il est visé par l'officier faisant fonctions de major tous les dix jours (les 1er, 11 et 21 de chaque mois).

Lorsque le sous-intendant le demande, un extrait certifié du journal lui est adressé par l'officier d'approvisionnement.

En fin de mois, l'officier d'approvisionnement arrête le journal des entrées et sorties, puis le verse à l'officier payeur avec les pièces justificatives qui n'auraient pas encore été remises à cet officier.

Restants en fin de trimestre ou de service.

Art. 58. Pour permettre, lors de l'établissement de la revue de liquidation trimestrielle ou en fin de service, d'établir la balance des perceptions et des allocations, l'officier d'approvisionnement verse à la fin de chaque trimestre ou à la cessation du service, à l'officier d'administration gestionnaire de la formation :

1° Les quantités de denrées restant dans les voitures du train régimentaire ;

2° Le total des vivres de réserve existant calculés à l'aide d'états fournis par les commandants d'unité.

Ce versement est constaté par une facture à talon délivrée à titre de récépissé par l'officier d'administration gestionnaire et mise à l'appui de la revue de liquidation. Les denrées inscrites sur cette facture sont déduites du débit du corps ; le talon est conservé par le gestionnaire à l'appui de ses entrées.

Si, à la fin d'un trimestre, le service doit être continué, le versement n'a lieu qu'en écritures ; comme dans le cas précédent, il est constaté par une facture. L'officier d'approvisionnement reprend en charge les quantités existantes ; à cet effet, il établit un bon spécial de réapprovisionnement, qu'il remet à l'officier d'administration gestionnaire et qui est imputé au corps au trimestre suivant.

D'autre part, les commandants d'unités versent leurs vivres de réserve à l'officier d'approvisionnement avec un état de versement établi en deux expéditions ; l'une d'elles portant récépissé est remise à l'unité.

Si le service doit continuer, l'opération n'a lieu qu'en écritures ; les unités reprennent immédiatement les vivres en charge et délivrent un bon de distribution.

CHAPITRE III

RÉGULARISATION DES DISTRIBUTIONS ET DES PERCEPTIONS.

Destination à donner aux bons de distribution.

Art. 57. L'officier payeur donne aux bons de distribution qu'il a reçus de l'officier d'approvisionnement les destinations suivantes :

1° Il inscrit sur son registre d'effectif et de distribution les bons à titre gratuit remis par les parties prenantes de son corps, puis les envoie les 1ᵉʳ, 11 et 21 au bureau de comptabilité du corps ;

2° Il transmet, aux mêmes dates, au sous-intendant de sa formation, les bons de distribution faites : à titre gratuit, à des parties prenantes étrangères ; à titre remboursable, aux parties prenantes de son corps ou à des parties prenantes étrangères.

Pour cette dernière transmission l'officier payeur établit, en deux expéditions, un état récapitulatif (1) sur lequel il inscrit : le numéro et la date de chaque bon, la désignation de la formation du corps ou du service, de l'unité ou du groupe auquel appartient la partie prenante ; les quantités de denrées ou nombre de demi-journées de nourriture ; le décompte des denrées distribuées à titre remboursable.

Le sous-intendant de la formation adresse au bureau de comptabilité de l'armée les bons de distribution à titre gratuit des parties prenantes étrangères au corps (art. 58).

Le bureau de comptabilité de l'armée transmet ces bons en y joignant un duplicata, aux sous-intendants chargés de la vérification des comptes des corps auxquels appartiennent les parties prenantes. Ces fonctionnaires imputent les bons à ces corps *comme bons de réapprovisionnement* et envoient le duplicata aux bureaux de comptabilité de ces corps pour permettre l'imputation aux unités *comme bons de distribution*. En ce qui concerne les bons à titre remboursable, le sous-intendant garde ceux qui ont été fournis par des parties prenantes de sa formation pour en poursuivre le remboursement (art. 61) ; il les envoie ensuite au bureau de comptabilité de l'armée.

Les autres bons à titre remboursable sont récapitulés par le sous-intendant dans des extraits de l'état récapitulatif visé ci-dessus, puis transmis, avec ces extraits, aux sous-intendants des formations auxquelles appartiennent les parties prenantes intéressées. Cette transmission est faite par l'intermédiaire de l'intendant du corps d'armée et, s'il y a lieu, de l'intendant de l'armée.

Destination à donner aux états récapitulatifs de bons de distribution
et aux extraits de ces états.

Art. 58. Le sous-intendant vérifie les états récapitulatifs (art. 57). En cas d'erreur, il les fait rectifier par l'officier payeur.

Il certifie ensuite au bas de chaque état qu'il en a reconnu

---

(1) Sur un même état ne doivent pas figurer des bons établis au titre de trimestres différents.

l'exactitude et que les quantités de denrées portées sur cet état doivent être déduites du débit du corps livrancier.

Il adresse sans retard une des expéditions de l'état au sous-intendant chargé de la vérification des comptes du corps.

Il inscrit sur la deuxième expédition, en regard de chaque bon, à titre gratuit ou remboursable, la destination qui lui a donnée, et, pour les bons à titre remboursable, la mention de l'établissement soit d'un ordre de reversement (art. 61), soit d'un extrait de l'état récapitulatif (art. 57).

Il conserve cette deuxième expédition jusqu'à ce que le remboursement des bons à titre remboursable des parties prenantes de sa formation figurant sur cet état ait été effectué ; il envoie ensuite cette expédition au bureau de comptabilité de l'armée avec les bons à titre gratuit ou remboursable, les récépissés et les déclarations de versement (art. 57 et 61).

Les extraits de l'état récapitulatif sont adressés au bureau de comptabilité de l'armée, par les sous-intendants intéressés, dans les conditions indiquées à l'alinéa précédent pour la deuxième expédition de l'état récapitulatif.

Si, à la fin du trimestre, il n'a pas été possible d'obtenir le remboursement de tous les bons, ceux-ci sont néanmoins transmis au bureau de comptabilité de l'armée avec l'état récapitulatif ou l'extrait de cet état.

Destination à donner aux bons de réapprovisionnement et de remboursement.

Art. 59. Les gestionnaires du service des subsistances transmettent au bureau de comptabilité de l'armée :

1° Les bons de réapprovisionnement (art. 43) ;

2° Les bons de remboursement (art. 53) ;

3° Les bons de distributions faites directement par eux, à titre gratuit, à des parties prenantes autres que les officiers d'approvisionnement.

Ces derniers bons tiennent lieu à la fois de bons de distributions et de bons de réapprovisionnement ; le bureau de comptabilité de l'armée établit un duplicata de ces bons qu'il envoie aux sous-intendants chargés de la vérification des comptes des corps intéressés.

Régularisation des distributions à titre gratuit.

Art. 60. Sont imputés à chaque partie prenante :

a) *Par l'officier payeur :*

1° Les bons de distributions faites à titre gratuit par l'officier d'approvisionnement du corps auquel la partie prenante appartient ;

2° Les quantités de denrées portées sur les factures et quittances des achats effectués par un commandant d'unité au titre des vivres du jour (art. 38) et les certificats partiels de nourriture (art. 39).

b) *Par le bureau de comptabilité du corps :*

1° Les bons de distributions faites à ce titre gratuit par un gestionnaire du service des subsistances ou par un officier d'approvisionnement étranger au corps, auquel la partie prenante appartient ;

2° Les quantités de denrées requises par un commandant d'unité au titre des vivres du jour pour son unité, et les bons de demi-journées de nourriture afférant à cette unité.

Régularisation des distributions à titre remboursable.

Art. 61. Le payement de la valeur des denrées distribuées à titre remboursable à une unité ou à un isolé du corps est poursuivi, *dans le plus bref délai possible*, par le sous-intendant de la formation à laquelle appartient l'unité ou l'isolé. A cet effet, dès que ce fonctionnaire a reçu les bons de distributions transmis dans les conditions indiquées à l'article 57, il établit, au nom du corps intéressé, un ordre de *reversement* au Trésor, qu'il joint au plus prochain état de solde.

Mention de la délivrance de l'ordre de reversement et de son montant est faite sur l'état de solde.

Si les denrées ont été livrées par l'officier d'approvisionnement d'un autre corps ou par un gestionnaire du service des subsistances, le sous-intendant annexe à cet ordre une copie certifiée par lui du bon de distribution.

Sur l'état récapitulatif des bons ou sur l'extrait de cet état, le sous-intendant porte en regard de chaque bon la mention de l'établissement de l'ordre de reversement.

Aussitôt après l'exécution de cet ordre, le conseil d'administration du corps adresse au sous-intendant qui a établi l'ordre le récépissé et une expédition de la déclaration de versement.

Ce fonctionnaire transmet, sans retard, le récépissé à l'administration centrale par l'intermédiaire du bureau de comptabilité de l'armée. En outre, il envoie à ce bureau les expéditions de déclaration de versement, en y joignant les bons remboursés ou l'extrait de l'état récapitulatif sur lequel figurent ces bons (art. 58).

Le corps conserve la deuxième expédition de la déclaration de versement à l'appui de sa comptabilité.

L'officier payeur fait rembourser à la caisse du corps, par les unités ou les officiers, la valeur des denrées qu'ils ont perçues.

Régularisation des perceptions.

Art. 62. Les perceptions faites au nom d'un corps sont régularisées lors de l'établissement de la revue de liquidation.

a) Sont portées au débit du corps les perceptions figurant sur les pièces ci-après :

1° Bons de réapprovisionnement ;

2° Bons de remboursement ;

3° Bons de distributions faites à titre gratuit à des parties prenantes du corps par l'officier d'approvisionnement d'un autre corps ou par un gestionnaire du service des subsistances ;

4° Reçus de prestations requises (à défaut les talons de ces pièces) et bons de demi-journées de nourriture fournis par réquisition.

b) Sont déduits du débit du corps :

1° Les quantités de denrées portées sur les états récapitulatifs (art. 57) ;

2° Les pertes, déchets ou avaries régulièrement constatés par des procès-verbaux ;

3° La facture de versement établie en fin de trimestre ou de service (art. 56).

CHAPITRE IV

COMPTABILITÉ DU SERVICE DE L'APPROVISIONNEMENT
DES QUARTIERS GÉNÉRAUX ET SERVICES

Art. 63. La comptabilité du service de l'approvisionnement

des quartiers généraux et services est tenue conformément à l'instruction ministérielle sur le service des subsistances en campagne.

Le Ministre de la guerre,
Brun.

ANNEXES

ANNEXE N° 1

Service de l'approvisionnement en temps de paix.

I. — Fonctionnement du service pendant les manoeuvres
et les rassemblements de troupes.

La présente instruction est appliquée en temps de paix au
cours des manœuvres ou des rassemblements importants de
troupes, y compris les marches de concentration et de dislocation, sauf les seules modifications ci-après :

a) Des instructions spéciales fixent pour chaque cas :

1° Les taux des diverses allocations et les conditions dans
lesquelles les parties prenantes y ont droit ;

2° Les périodes pendant lesquelles les corps doivent se procurer directement les prestations qui leur sont dues et celles
pendant lesquelles ils les reçoivent du service des subsistances ;

3° La composition des trains régimentaires.

b) Afin de placer le personnel dans des situations se rappro-
chant le plus possible de celles du temps de guerre, il est for-
mellement interdit aux corps de troupe de passer à l'avance des
marchés pour assurer l'alimentation pendant les périodes de
marche, de manœuvres ou de rassemblement (1).

En outre, les sections de distribution et de ravitaillement des
trains régimentaires doivent être constituées de façon à transporter deux jours de vivres pour l'effectif total des troupes.
S'il est indispensable d'apporter des réductions à la composition
de ces trains, elles doivent s'appliquer uniquement aux sections
de réserve.

c) Les opérations de gestion et de comptabilité dont sont
chargés en temps de guerre les bureaux de comptabilité d'armée
ou de corps de troupe sont effectuées en temps de paix res-
pectivement par les sous-intendants des différentes formations
ou par les conseils d'administration.

---

(1) L'emploi de ce procédé, inapplicable en temps de guerre, nuirait à
l'instruction du personnel et ne permettrait pas de se rendre exactement
compte du fonctionnement du service.

d) Les issues vénales provenant de l'abat des animaux pendant les manœuvres du temps de paix sont en principe vendues dans les conditions indiquées à l'instruction sur le service des subsistances militaires en temps de paix (vol. 91, art. 133 et annexe n° 5), et le produit de la vente versé à la caisse des receveurs des domaines (1).

Les duplicata des pièces dont l'établissement incombe aux bureaux de comptabilité d'armée sont remplacés par des bons totaux ou des bordereaux récapitulatifs dressés par les gestionnaires du service des subsistances des différentes formations.

En fin de service, les sous-intendants produisent un rapport de liquidation faisant ressortir que toutes les perceptions ont été imputées aux parties prenantes intéressées ou remboursées par elles.

II. — ATTRIBUTIONS SPÉCIALES DE L'OFFICIER D'APPROVISIONNEMENT EN TEMPS DE PAIX.

En dehors des périodes où le service de l'approvisionnement d'un corps de troupe est appelé à fonctionner soit en totalité, soit partiellement, l'officier d'approvisionnement des corps d'infanterie et de cavalerie a les attributions permanentes suivantes :

1° Garde, surveillance, lotissement, renouvellement en temps utile des vivres en dépôt au corps ;

2° Surveillance et entretien du matériel.

Pour les autres armes et services, ces attributions sont dévolues à un officier spécialement désigné à cet effet par le chef du corps ou du service qui a en garde les vivres et le matériel.

---

(1) Circulaire du 3 septembre 1912.

TABLEAU

du personnel du service de l'approvisionnement

(modifié par les circulaires des 15 et 24 juin 1911 et 5 juin 1913
B. O., p. 691, 744 et 762).

ÉLÉMENTS.	OFFICIER D'APPROVISIONNEMENT.	Adjudant.	Maréc. des logis chef.	Maréch. des logis.
		ADJOINT À L'OFFICIER d'approvisionnement		
I. — Corps				
Régiment d'infanterie de campagne	1 lieuten. ou sous-lieuten.	1	»	»
Bataillon de chasseurs à pied	Id	1	»	»
Batail. d'infant. isolé en mission spéciale prolongée. Régiment de cavalerie. Groupe de deux escadrons isolés en mission spéciale prolongée	Id	»	»	»(P)
Groupe de 75 monté	Id	»	»	3
Artillerie lourde de 155 C. T. R.	Id	»	»	4
Groupe de colonnes légères de munitions de 155 C.T R.	Id	»	»	4
Artillerie à cheval de division de cavalerie	Id	»	»	2
Premier échelon du parc d'artill. d'un corps d'armée	Id	»	»	6
Deuxième échelon du parc d'artillerie d'un corps d'armée	Id	»	»	6
Troisième échelon du parc d'artill. d'un corps d'armée	Id	»	»	4
Echelon sur route d'un grand parc d'artillerie	Id	»	»	»(r)
Groupe les sections de munitions 155 C. T. R.	Id	»	»	4
Parc d'artillerie de division isolée ou de réserve	Id	»	»	6
Compagnie du génie (divisionnaire, de corps, d'équipage de pont, d'aérostiers, de sapeurs de chemins de fer, sapeurs télégraphistes)	»	»	»	»
Parc du génie (de corps d'armée, d'armée)	»	»	»	»
Compagnie du train des équipages attelant une section de convoi administratif ou auxiliaire	1 lieuten. ou sous-lieuten.	»	»	1
Compagnie du train des équipages attelant une boulangerie de campagne	Id	»	»	1
II. — Quartiers généraux				
Grand quartier général des armées. { 1er groupe	1 off. d'ad. du serv. des subsistanc**	»	»	»
2e groupe	Id	»	»	»
Quartier général d'armée { 1er groupe	Id	»	»	»
2e groupe	Id	»	»	»
Quartier général de corps d'armée	Id	»	»	»
Quartier général d'une division d'inf. ou de caval.	Id	»	»	»
Ambulance	1 off. d'adm. du serv. de santé, ffons d'off. d'app	»	»	»
Groupe div. de brancard. ou gr. de brancard. de corps.	Id	»	»	»
Section de convoi administratif ou auxiliaire	(J)	»	»	»
Boulangerie de campagne	(J)	»	»	»
Parc de bétail	(K)	»	»	»
Troupeau de ravitaillement	(K)	»	»	»
Groupe d'exploitation	(K)	»	»	»
Réserve de commis et ouvriers milit. d'administ.	(K)	»	»	»
Dépôt de remonte mobile	(K)	»	»	»

de troupe.

Chef du train régimentaire — Serg. major ou mar. des logis chef.	Chef du train régimentaire — Sergent ou maréch. des logis.	Gradés d'encadrement — Sous-officier.	Gradés d'encadrement — Caporal ou brigadier.	SECRÉTAIRES.	BOUCHERS (M)	DIVERS.	AUTORITÉS chargées de désigner l'officier d'approvisionnement.
(A) 1	»	2	»	1	6	»	Chef de corps.
(A) 1	»	»	1	1	3	»	
(R) 1	»	»	»	1	3	»	Id.
»	1	2	6	1 (v)	1	»	Le chef du corps ou service chargé de la mobilisation de l'état-major de la formation à laquelle est affecté l'officier d'approvisionnement.
»	1	3	4	1 (v)	1	»	
»	1	3	4	1 (v)	1	»	
»	1	1	2	1 (v)	»	»	
»	1	1	2	I (v)	1	»	
»	1	1	2	1 (v)	»	»	
»	1	1	2	1 (v)	1	»	
»	1	1	2	1 (v)	1	»	
»	1	1	2	1 (v)	1	»	
»	1	1	2	1 (v)	1	»	
»	1	»	1	»	»	»	
»	1	»	1	»	»	»	
»	»	»	1	»	»	»	Chef de corps.
»	1	»	1	»	»	»	

et services (L).

Chef du train régimentaire — Serg. major ou mar. des logis chef.	Chef du train régimentaire — Sergent ou maréch. des logis.	Gradés d'encadrement — Sous-officier.	Gradés d'encadrement — Caporal ou brigadier.	SECRÉTAIRES.	BOUCHERS (M)	DIVERS.	AUTORITÉS chargées de désigner l'officier d'approvisionnement.
(C) »	»	(D) 1	»	(E) 1	2	(F) 2	
»	»	»	(D) 1	(E) 1	2	(G) 1	
(G) »	»	»	(D) 1	(E) 1	2	(F) 2	Ministre.
»	»	»	(D) 1	(E) 1	2	(G) 1	
(C) »	»	»	1	(E) 1	2	»	
»	(H) 1	»	1	(E) 1	»	»	
»	»	»	(D) 1	(I) 1	»	»	Directeur du service de santé du corps d'armée.
»	»	»	(D) 1	(I) 1	»	(X) 3	
»	»	»	»	»	»	»	
»	»	»	»	»	»	»	
»	»	»	»	»	»	»	
»	»	»	»	»	»	»	
»	»	»	»	»	»	»	
»	»	»	»	»	»	»	
»	»	»	»	»	»	»	
»	»	»	»	»	»	»	

OBSERVATIONS.

(A) Provenant du train des équipages militaires.

(C) Il n'est point fait mention ci-contre du personnel de la section des bagages pour ces quartiers généraux.

(D) Gradé du détachement du train des équipages placé sous les ordres de l'officier d'approvisionnement.

(E) Commis de la sous-intendance du quartier général.

(F) Boulangers.

(G) Botteleurs.

(H) Pour le quartier général d'une division d'infanterie, ce gradé provient du train des équipages.

(I) Infirmiers.

(J) Le service de l'approvisionnement pour tous les hommes et chevaux de l'élément, est assuré par la compagnie du train des équipages qui attelle l'élément.

(K) Pas de personnel spécial.

(L) Pour les formations pouvant être éventuellement constituées, il est opéré par analogie et conformément aux instructions spéciales qui les concernent.

(M) Dont un gradé pour une équipe de trois bouchers et au-dessus.

(P) Un maréchal des logis par escadron.

(R) Dans la cavalerie, le chef du train régimentaire est un adjudant pris parmi l'un des adjudants prévus sur les tableaux d'effectifs de guerre à l'état-major du régiment.

(T) Un maréchal des logis par section de grand parc.

(V) Le secrétaire de l'officier d'approvisionnement est prélevé sur le personnel du train régimentaire de la formation.

(X) Dont 1 appartenant au détachement du train.

ANNEXE N° 3.

Indemnités de gestion et de frais de bureau.

DÉSIGNATION DES ÉLÉMENTS.	INDEM-NITÉS.	OBSERVATIONS.
Grand quartier général des armées (1er et 2e group.)		Pour les formations pouvant être éventuellement constituées, il est opéré par analogie et conformément aux prescriptions spéciales qui les concernent.
Régiment d'infanterie..........		
Bataillon de chasseurs à pied..........		
Régiment de cavalerie..........		
Artillerie divisionnaire..........	3 francs par jour.	
Artillerie de corps..........		
Artillerie lourde d'armée..........		
Échelon sur route d'un grand parc d'artil. d'armée.		
1er, 2e ou 3e échelon d'un parc d'artillerie de corps d'armée..........		
Parc d'artillerie de division de réserve..........		
Quartier général d'armée (1er et 2e groupes)..........		
Quartier général de corps d'armée..........		
Quartier général de division d'inf. ou de cavaler.		
Bataillon d'infanterie.......... } détachés en mission spéciale prolongée.		
Groupe de 2 escadrons..........		
Groupe de 3 batteries.......... }	2 francs par jour.	
Groupe d'artillerie à cheval de division de caval.		
Compagnie du train des équipages attelant une section de convoi..........		
Compagnie du train des équipages attelant une boulangerie de campagne..........		
Compagnie du génie (divisionnaire, de corps, d'équipage de pont, d'aérostiers, de sapeurs de chemins de fer, sapeurs télégraphistes, etc.)..		
Parc du génie d'armée, de corps d'armée, de division isolée..........		
Demi-compagnie du génie isolée en mission spéciale prolongée..........		
Ambulance..........		
Hôpital de campagne..........		
Parc de bétail (armée ou corps d'armée)..........	1 franc par jour.	
Troupeau de ravitaillement..........		
Groupe d'exploitation..........		
Réserve de commis et ouvriers militaires d'administration d'armée..........		
Dépôt de remonte mobile..........		
Unité administrative (compag., escadron, batterie, section de munitions) ou groupe d'unités administratives, isolés ou détachés temporairement d'un corps pourvu d'un officier d'approvisionnement titulaire lorsque le détachement nécessite la désignation d'un officier d'approvisionnement spécial..........		

Nota. — Pendant les manœuvres, les indemnités de gestion et de frais de bureau sont allouées pour la durée effective desdites manœuvres, y compris s'il y a lieu, le 31e jour du mois.

Elles sont réduites de moitié pour les journées de route précédant ou suivant les manœuvres pendant lesquelles les officiers d'approvisionnement exercent leurs fonctions spéciales.

Les mêmes indemnités réduites sont allouées pendant les journées passées en route pour se rendre aux exercices techniques (tirs de combat, exercices de tir, écoles à feu, etc.) ou en revenir, et aussi pour les journées de marches lors des changements de garnison.

En route, pour les régiments d'artillerie se rendant, en temps de paix, aux exercices techniques et lorsqu'un seul officier d'approvisionnement aura été désigné pour une colonne comportant plus de 3 batteries, l'indemnité à allouer à cet officier sera de : 1 fr. 25 pour une colonne de 4, 5 et 6 batteries; 1 fr. 50 pour une colonne de plus de 6 batteries. (Circ. du 16 avril 1912, B. O., p. 551.)

ANNEXE N° 4

Application de la loi du 3 juillet 1877 et du décret d'administration publique du 2 août 1877 sur les réquisitions militaires.

I. — CONDITIONS GÉNÉRALES DANS LESQUELLES S'EXERCE LE DROIT DE REQUÉRIR.

Le droit de requérir en temps de guerre n'appartient, de plein droit, qu'aux généraux commandant des armées, des corps d'armée, des divisions ou des troupes ayant une mission spéciale. Les autres autorités n'exercent le droit de réquisition qu'en vertu d'une délégation ou de délégations successives, mentionnées au carnet à souche d'ordres de réquisition dont est pourvu tout officier appelé à requérir.

Les reçus délivrés par les officiers chargés de recevoir les prestations sont également extraits d'un carnet à souche.

II. — DES PRESTATIONS A FOURNIR PAR VOIE DE RÉQUISITION.

Les prestations susceptibles d'être habituellement demandées par voie de réquisition sont :

Le logement, le cantonnement, la nourriture journalière, les vivres et le chauffage, les fourrages, la paille de couchage, les moyens d'attelage et de transport, les guides, messagers et conducteurs, le traitement des malades et, en général, tous les objets et services dont la fourniture est nécessitée par l'intérêt militaire.

Il ne peut être exigé de l'habitant une nourriture supérieure à l'ordinaire de l'individu requis.

Pour un déplacement de plus de cinq jours (retour compris), il est procédé, avant la prise de possession, à l'estimation contradictoire des chevaux, voitures et harnais requis. L'estimation est faite par l'officier requérant et le maire.

La nourriture des guides, des conducteurs ou des chevaux requis est obligatoire pendant toute la durée de la réquisition.

En toutes circonstances (logement ou cantonnement), les troupes ont droit, chez l'habitant, au feu et à la chandelle.

III. — DE L'EXÉCUTION DES RÉQUISITIONS.

Toute réquisition doit être adressée à la commune : elle est notifiée au maire. Si aucun membre de la municipalité ne siège ou si une réquisition est urgente sur un point éloigné et qu'on ne puisse la notifier régulièrement, elle peut être adressée directement aux habitants.

Lorsque des détachements de différents corps ou des troupes de différentes armes se trouvent à la fois dans une commune, les réquisitions ne peuvent être ordonnées que par l'officier auquel le commandement appartient.

Les réquisitions ne doivent porter que des ressources disponibles, sans pouvoir les absorber complètement. L'autorité militaire peut vérifier. Ne sont pas considérés comme disponibles : 1° les vivres de la famille pour trois jours ; 2° les fourrages pour quinze jours.

Le maire, assisté, sauf le cas de force majeure et d'extrême urgence, de quatre membres du conseil municipal, répartit les prestations. La répartition est obligatoire et sans appel.

Si les prestations ne sont pas fournies dans les délais prescrits, l'autorité militaire fait, d'office, la répartition entre les habitants.

Dans le cas de refus de la municipalité, le maire peut être condamné à une amende de 25 à 500 francs. Si le fait provient du mauvais vouloir des habitants, le recouvrement des prestations est assuré, au besoin, par la force ; en outre, les habitants sont passibles d'une amende pouvant s'élever au double de la valeur de la prestation requise.

Quiconque abandonne le service pour lequel il est requis personnellement est, en temps de guerre, traduit devant le conseil de guerre et peut être passible de six jours à cinq ans de prison.

Toute personne qui, en matière de réquisition, abuse des pouvoirs qui lui sont conférés, ou qui refuse de donner reçu des quantités fournies, est punie de la peine d'emprisonnement, dans les termes de l'article 194 du Code de justice militaire (de six jours à cinq ans).

Tout militaire qui exerce des réquisitions sans avoir qualité pour le faire est puni, si ces réquisitions sont faites sans violence, conformément au cinquième paragraphe de l'article 248 du Code de justice militaire, c'est-à-dire de la peine de la réclusion ; en cas de circonstances atténuantes, d'un emprisonnement d'un an à cinq ans par assimilation au vol. Si ces réquisitions sont exercées avec violence, il est puni, conformément à l'article 250, des peines édictées pour le cas de pillage en bande avec violence, le tout sans préjudice des restitutions.

IV. — DU RÈGLEMENT DES INDEMNITÉS.

Toute réquisition donne lieu à indemnité, sauf le logement et le cantonnement, dans les cas définis à l'article 15 de la loi du 3 juillet 1877.

Le règlement des indemnités sur le territoire national ne se fait pas par les soins de l'administration de l'armée en opérations. Il est confié, d'après la loi, exclusivement aux autorités territoriales et s'effectue dans des conditions et suivant des formalités qui retardent nécessairement un peu le payement effectif aux communes.

Des officiers d'approvisionnement étant donc entièrement étrangers à ce règlement, il n'en est pas autrement parlé dans la présente annexe.

On se borne seulement à rappeler ici que les reçus des prestations délivrés aux communes ou, exceptionnellement, aux habitants, soit par l'officier d'approvisionnement, soit par tout officier ou chef de détachement autorisé à requérir, sont imputés au débit du corps, dans la revue de liquidation.

ANNEXE N° 5 [1]

Matériel à la disposition des officiers d'approvisionnement pour les distributions et l'abat du bétail.

---

a) *Petit outillage à distribution.*

Le petit outillage à distribution a pour but de permettre aux officiers d'approvisionnement d'assurer la répartition des denrées entre les parties prenantes des corps et des quartiers généraux.

Cet outillage ne comprend que quelques objets de première nécessité, formant des collections composées comme il suit :

Romaine oscillante Lemercier, portée de 30 kilogrammes.	1	
Sac de pesage en toile, avec bordure en rotin et lanière de suspension en cuir	1	
Ciseau à froid.	1	Pour l'ouverture ou la fermeture des caisses clouées ou vissées.
Tenailles ordinaires (paire de).	1	
Marteau emmanché.	1	
Petit tournevis à main.	1	
Couteaux à conserves.	4	
Aiguilles d'emballage.	2	
Ficelle { De 0m,002, à sacs pelote de 0 kilogr. 100	1	Pour réparer les sacs troués, remplacer une ligature, etc.
Moyenne, bobine de 0 kilogr. 050 net..	1	
Fine, bobine de 0 kilogr. 050 net	1	
Boîte d'emballage, en bois.	1	

Chaque collection est logée dans un sachet en forte toile que l'on ferme au moyen d'un ruban de fil fixé au sachet et s'enroulant à la partie supérieure.

Le poids de chaque collection est d'environ 4 kg. 600 ; les dimensions approximatives du sachet garni sont de 0m,55 de longueur et 0m,29 de largeur.

MODE D'EMBALLAGE.

Dans le sachet d'emballage.	La boîte d'emballage contenant :	La romaine (au fond de la boîte). Les quatre couteaux à conserve. Les deux aiguilles d'emballage (les pointes fichées dans un liège). La pelote de grosse ficelle (debout dans un angle). Les deux bobines de ficelle calant le tout.
	Le ciseau à froid.	
	Le marteau.	
	Le sac de pesage, roulé sur lui-même.	
	La tenaille.	
	Le tournevis.	

---

(1) Mise à jour par l'incorporation dans le texte des additions prescrites par les circulaires des 25 mars 1911, 3 septembre 1912 et 5 juin 1913, *B. O.*, p. 527, 1615 et 762.

L'attribution est faite comme il suit :

1° A raison d'un petit outillage à distribution :

Par bataillon d'infanterie ;

Par escadron de cavalerie ;

Par groupe de batteries d'artillerie ;

Par batterie d'artillerie isolée ;

Par échelon d'un parc d'artillerie ;

Par groupe de sections de munitions de 155.

Pour l'ensemble des unités composant. . . . . { Un grand parc d'artillerie d'armée ; Un parc de siège ; Un parc du génie d'armée ;

Par compagnie du génie, quelle que soit sa nature ;

Par parc d'artillerie de division isolée ou de réserve.

Par demi-compagnie du génie, quelle que soit sa nature ;

Par section technique de télégraphie ;

Par chaque groupe du grand quartier général des armées et du quartier général d'armée ;

Par quartier général de corps d'armée ;

Par quartier général de division d'infanterie ou de cavalerie ;

Par ambulance ;

Par groupe divisionnaire de brancardiers ;

Par groupe de brancardiers de corps ;

Par dépôt de remonte mobile.

2° A raison de deux petits outillages à distribution :

Par bataillon de chasseurs à pied ou alpins.

Les corps et services de l'armée active sont dépositaires, en temps de paix, des petits outillages à distribution qui leur sont attribués, ainsi que de ceux à affecter, à la mobilisation, aux formations supplémentaires ou de réserve correspondantes.

Ces outillages sont portés, en campagne, sur les fourgons à vivres des corps de troupe et des quartiers généraux ou ambulances et hôpitaux de campagne.

b) Moyens d'assurer les distributions sans le secours du petit outillage.

En campagne, les corps peuvent s'aider, pour assurer les distributions, de certains ustensiles de petit équipement et de campement qui sont à la disposition des hommes, tels sont les gobelets ou quarts, les gamelles, les bidons et les marmites, dont la capacité approximative en denrées et liquides des vivres réglementaires de campagne est indiquée au tableau ci-après :

Tableau des contenances en poids et en rations

NATURE des RÉCIPIENTS.	TARE EN GRAMMES. Grammes.	RIZ. Contenance des récipients en — Grammes.	RIZ — Rations du temps de paix et manœuvres au taux de 30 grammes.	RIZ — Rations normales de campagne au taux de 60 grammes.	RIZ — Rations fortes de campagne au taux de 100 grammes.	LÉGUMES SECS. Contenance des récipients en — Grammes.	LÉGUMES — Rations du temps de paix et manœuvres au taux de 60 grammes.	LÉGUMES — Rations normales de campagne au taux de 60 grammes.	LÉGUMES — Rations fortes de campagne au taux de 100 grammes.	SEL. Contenance des récipients en — Grammes.	SEL — Rations du temps de paix et manœuvres au taux de 16 grammes.	SEL — Rations normales de campagne au taux de 20 grammes.	SEL — Rations fortes de campagne au taux de 20 grammes.
Gobelet ou quart	80	240	8	4,0	2,5	240	3,8	3,5	2,0	240	15	12	12
Gamelle individuelle des troupes — à pied	415	1200	40	20,0	12,0	1080	18,0	18,0	11,0	1120	70	56	56
Gamelle individuelle des troupes — à cheval	515	1470	49	24,5	15,0	1320	22,5	22,5	13,5	1440	96	72	72
Grande gamelle à 4 hommes	1005	5010	167	83,5	50,0	4830	80,5	80,5	48,0	4945	309	247	247
Marmite à 4 hommes (sans couvercle)	1135	5070	169	84,5	51,0	4860	81,0	81,0	49,0	4975	311	249	249
Couvercle de la marmite (à 4 hommes)	405	1230	41	20,5	12,5	1170	19,5	19,5	12,0	1195	75	60	60
Petit bidon de 1 litre	380	»	»	»	»	»	»	»	»	»	»	»	»
Grand bidon de 5 litres	1030	»	»	»	»	»	»	»	»	»	»	»	»

OBSERVATIONS. — La tare du petit bidon comprend le poids des deux bouchons et celui des deux ficelles [...] individuelle comprend le poids du couvercle et celui de la chaînette d'attache. La contenance du grand bidon est [...]

Les contenances indiquées sont celles résultant de la moyenne de divers mesurages effectués dans deux [...] elles ont été obtenues en arasant avec un bois rond *sans tassement*.

Il convient de noter que les indications ci-dessus ne sont données qu'à titre de renseignement. La densité des [...] *ou moins sensibles entre eux.*

Les officiers d'approvisionnement devront, autant que possible, effectuer quelques mesurages avant les [...]

des principaux ustensiles de campement.

SUCRE CRISTALLISÉ					CAFÉ VERT				CAFÉ TORRÉFIÉ EN GRAINS.				CAFÉ TORRÉFIÉ MOULU.				VIN.		EAU-DE-VIE.	
Contenance des récipients en					Contenance des récipients en				Contenance des récipients en				Contenance des récipients en				Contenance des récipients en		Contenance des récipients en	
Grammes.	Rations du temps de paix et manœuvres au taux de 21 grammes.	Rations normales de campagne au taux de 21 grammes.	Rations fortes de campagne au taux de 32 grammes.	Rations de réserve au taux de 80 grammes.	Grammes.	Rations du temps de paix et manœuvres au taux de 19 grammes.	Rations normales de campagne au taux de 19 grammes.	Rations fortes de campagne au taux de 28,5 grammes.	Grammes.	Rations du temps de paix et manœuvres au taux de 16 grammes.	Rations normales de campagne au taux de 16 grammes.	Rations fortes de campagne au taux de 24 grammes.	Grammes.	Rations du temps de paix et manœuvres au taux de 16 grammes.	Rations normales de campagne au taux de 16 grammes.	Rations fortes de campagne au taux de 24 grammes.	Centilitres.	Rations de toute nature au taux de 25 centilitres.	Centilitres.	Rations de toute nature au taux de 6,25 centilitres.
245	11,5	11,5	7,5	3,0	180	9	9	6,0	100	6,0	6,0	4,0	110	7,0	7,0	4,0	25	1	25	4
1220	58,0	58,0	38,0	15,0	917	48	48	32,0	490	30,5	30,5	20,0	560	35,0	35,0	23,0	125	5	125	20
1455	69,0	69,0	45,5	18,0	1085	57	57	38,0	576	36,0	36,0	24,0	660	42,0	42,0	27,5	150	6	150	24
4945	235,5	235,5	154,5	61,5	3480	183	183	122,0	1875	117,0	117,0	78,0	2060	129,0	129,0	86,0	475	19	475	76
5065	241,0	241,0	158,0	63,5	3675	193	193	129,0	2085	130,0	130,0	87,0	2300	144,0	144,0	96,0	550	22	550	88
1240	59,0	59,0	38,5	15,5	970	51	51	34,0	545	34,0	34,0	22,5	600	37,5	37,5	25,0	125	5	125	20
»	»	»	»	»	»	»	»	»	»	»	»	»	»	»	»	»	100	4	100	16
»	»	»	»	»	»	»	»	»	»	»	»	»	»	»	»	»	500	20	500	80

d'attache ; le petit et le grand bidon ne peuvent être utilisés que pour mesurer les liquides. La tare de la gamelle mesurée jusqu'à la naissance du bec en dedans.

récipients de chaque sorte. Les contenances en rations ont été arrondies en dessous à la ration ou à la demi-ration ;

denrées, leur tassement naturel sont variables, et les récipients eux-mêmes peuvent présenter des différences plus

distributions, avec les denrées à distribuer et les récipients à leur disposition.

D'autre part, on sait que les denrées et liquides sont toujours contenus dans des récipients (sacs, caisses, boîtes, fûts), d'une contenance réglée ou portant, en chiffres apparents, le poids net du contenu et le poids brut total du colis. Le tableau ci-après donne quelques renseignements sur l'emballage le plus habituel des denrées, le poids net et le poids brut des colis.

NATURE des DENRÉES.	RÉCIPIENT LE PLUS HABITUEL.	POIDS APPROXIMATIF des tares.	POIDS NET du contenu.	OBSERVATIONS
Pain de guerre...	Caisse modèle 1879...	Porté sur la caisse...	Porté sur la caisse...	Poids net moyen, 33 kil.
Riz...	Sac réglementaire...	1 k. 160...	100 kil...	»
Légumes secs...	Sac réglementaire...	1 k. 160...	100 kil...	»
Sel...	Barils ou caisses à conserves...	Porté sur la caisse...	Divers...	Rubrique sur la caisse.
	Sac réglementaire...	1 k. 100...	80 kil...	»
Sucre cristallisé...	Sac réglementaire...	1 k. 100...	100 kil...	»
	Sac double réglementaire...	2 k. 200...	100 kil...	»
Café torréfié en grains...	Caisse avec fermeture...	15 k. 160 (y compris le papier)...	48 kil...	
	Sac double réglementaire...	2 k. 200...	40 kil...	
Café torréfié moulu...	Caisse avec fermeture...	15 k. 160 (y compris le papier)...	30 kil...	Rubrique sur la caisse.
	Sac double réglementaire...	2 k. 200...	30 kil...	
Café torréfié en tablettes...	Caisses en bois fermées à vis (quelquefois caissette en fer-blanc pour les contenances de 10 tablettes)...	Poids divers	Poids divers	Rubrique sur les récipients.
Conserves de viande en boîtes de 1 kil...	Caisse vissée...	Porté sur la caisse...	Porté sur la caisse...	Contenance ordinaire, 48 boîtes.
Conserves de viande en boîtes individuelles...	Caisse vissée...	Porté sur la caisse...	Porté sur la caisse...	Contenance ordinaire, 180 boîtes de 250 gr. ou 150 boîtes de 300 gr.

NATURE des DENRÉES.	RÉCIPIENT LE PLUS HABITUEL	POIDS APPROXIMATIF des tares.	POIDS NET du contenu.	OBSERVATIONS.
Potage salé......	Caisse vissée......	Porté sur la caisse......	Porté sur la caisse......	Rubrique sur la caisse.
Saindoux......	Récipients du commerce (barils, tiergans, etc.)	Divers......	Divers......	
	Bidons métalliques de 30 kil......	»	30 kil......	Rubrique sur les récipients.
	Bidons métalliques de 8 kil......	»	8 kil......	
Lard en bandes......	Barils de 40 kil......	30 kil. (y compris la saumure et le sel)......	40 kil......	Rubrique sur les barils.
	Barils de 80 kil......	65 kil. (y compris la saumure et le sel)......	80 kil......	
Eau-de-vie......	Barils ronds......	9 kil......	50 litres...	Rubrique sur les récipients.
	Bordelaise du commerce...... 400 l.	25 kil......	225 litres...	
	Fûts du commerce de... 100 l.	20 kil......	100 litres...	
	50 l.	12 kil......	50 litres...	
	30 l.	7 kil......	30 litres...	
	20 l.	6 kil......	20 litres...	
	Bonbonne revêtue d'osier de... 25 l.	5 kil......	25 litres...	
	15 l.	5 kil......	15 litres...	
Avoine......	Sac réglementaire...	1 k. 400...	70 kil...	Les sacs sont quelquefois réglés à 75 kil

D'après ce qui précède, voici, dans la pratique, comment il est ou peut être procédé pour les répartitions ou distributions de denrées dans l'intérieur des corps de troupe :

Pain. — Comptage des pains, vérification du poids de quelques pains avec la romaine, si l'on en possède une.

Denrées en sacs. — Les récipients pleins comptent pour leur poids net de convention, sauf vérification. Les appoints et les fractionnements se font au jugé, en prenant la moitié, le tiers, le quart du poids des récipients, etc., ou bien en se servant des ustensiles de la troupe, dont il a été parlé, ou de tout autre moyen que l'on a sous la main ou que les circonstances suggèrent.

Denrées en caisses. — Mêmes procédés, en se basant sur le poids annoncé par les rubriques. S'il s'agit de pain de guerre, lotissement par galette et au jugé pour les morceaux ; s'il s'agit de conserves de viande, distribution par boîtes entières.

Salaisons. — Remise des barils pour le poids net de la rubrique ; au-dessous de ce poids, extraction des morceaux de porc ou de lard qui doivent être remis nets de saumure et de sel de garniture, et lotissement par tas au jugé ; dépècement des morceaux trop gros.

Liquides. — Remise de récipients entiers pour la contenance inscrite ; pour les fractionnements, mesurage avec les ustensiles des corps.

Foin et paille. — Les fourrages sont en botte d'une ou deux rations, ou en balles pressées, d'un poids indiqué, que l'on fractionne au jugé, suivant les besoins.

c) *Séries régimentaires d'outils de boucher.*

Une série régimentaire d'outils de boucher est attribuée à tous les éléments qui possèdent une équipe de bouchers :

Régiment d'infanterie (1) ;

Bataillon de chasseurs à pied (1), bataillon d'infanterie isolé en mission spéciale prolongée ;

Régiment de cavalerie, groupe de deux escadrons isolé en mission spéciale prolongée ;

Groupe de batteries d'artillerie;

Echelon sur route d'un grand parc d'artillerie ;

Chaque échelon du parc d'artillerie de corps d'armée ;

Parc d'artillerie de division de réserve ;

Grand quartier général des armées ;

Chacun des deux groupes d'un quartier général d'armée ;

Quartier général de corps d'armée.

---

(1) Si la mesure s'impose, il est alloué aux régiments d'infanterie de l'armée des Alpes une série régimentaire d'outils de boucher par bataillon, et deux séries à ceux des bataillons alpins ayant plus de quatre compagnies.

Comme les petits outillages à distribution, les séries régimentaires d'outils de boucher des formations actives et supplémentaires sont déposées, dès le temps de paix, dans les magasins des corps et services de l'armée active. Elles sont portées, en campagne, sur des fourgons à vivres ou les voitures à viande.

d) *Tableau donnant la composition de la série régimentaire d'outils de boucher.*

DÉSIGNATION DES OBJETS.	NOMBRE.	POIDS.	OBSERVATIONS.
		k.	
Appareil à Bruneau { 1 masque	1	1,080	Les anciennes boutiques de boucher à 3 compartiments munies des couteaux l'anciens modèles ainsi que les crochets de suspension doublies, sont maintenus jusqu'à leur usure ou leur mise hors de service ; à ce moment seulement, les objets des types nouveaux seront substitués aux anciens. Les prix des objets sont ceux de la nomenclature du service des subsistances
3 boutons emporte-pièce	3	0,390	
1 maillet	1	2,000	
1 baguette	1	0,080	
Boutique de boucher avec courroie à 6 compartiments	2	1,120	
Couperet { de boucher	1	2,500	
à manche en bois	1	2,160	
Couteaux { de 3 pouces	2	0,110	
de 4 pouces	2	0,120	
de 5 pouces	2	0,200	
de 6 pouces	2	0,210	
de 7 pouces	2	0,280	
de 9 pouces	2	0,420	
de suspension simple	6	2,220	
Crochets de suspension dit « allongé tournante »	2	1,780	
Feuilleret	1	0,830	
Fusil	2	0,600	
Longe à œil	3	2,790	
Moufles de boucherie (paire de) avec corde	1	12,000	
Romaine oscillante à crochet, portée 120 à 125 kilogr.	1	9,750	
Scie à arc de boucher	1	0,990	
Lame de scie de rechange	1	0,090	
Tablier de boucher	2	1,000	
Tinet de boucherie	1	15,700	
Blouse	1	1,060	
Pantalon	1	1,400	
Serviette	2	0,420	
Caisse d'emballage (1)	1	21,000	
TOTAUX	51	81,900	

(1) Les séries existant actuellement comportent deux caisses d'emballage dont l'une, constituée par une caisse à pain de guerre légèrement modifiée et pourvue de peignées en corde, reçoit la paire de moufles avec corde et la romaine. Les séries qui seront confectionnées ultérieurement ne comporteront qu'une seule caisse, plus profonde que celle de la série modèle 1896.

Le tinet est conservé à part, en raison de ses dimensions. Pour le transport, il est fixé au côté gauche de la voiture à viande ou des fourgons à vivres, à l'aide de supports disposés pour le recevoir.

E) MODE D'ARRIMAGE ET D'EMBALLAGE DE LA SÉRIE RÉGIMENTAIRE D'OUTILS DE BOUCHER (ANCIEN MODÈLE ET MODÈLE 1896) COMPLÉTÉE.

Les outils de boucher proprement dits sont arrimés et emballés dans la caisse *ad hoc*.

Le linet de boucherie est porté par la voiture à viande, maintenu sur le côté par deux supports en fer dont l'un est muni d'une chevillette.

L'emballage de la paire de moufles et de la romaine fait l'objet des dispositions suivantes :

Description de la caisse. — Ces deux objets, qui ne peuvent trouver place dans la caisse d'outils de boucher de la série régimentaire, modèle 1896 ou ancien modèle, sont logés et transportés dans une caisse à pain de guerre en bon état munie d'un couvercle rattaché au corps de la caisse par deux charnières en fer de 0^m,220 de longueur, 0^m,025 de largeur et 0^m,004 d'épaisseur et fermant au moyen d'un moraillon et d'une vertevelle portant un cadenas. Les charnières et le moraillon sont fixés à l'aide de vis et de rivets.

La caisse est divisée en deux compartiment inégaux, dans le sens longitudinal, par une cloison mobile en bois de 0^m,012 d'épaisseur, glissant dans deux coulisses clouées sur les petits côtés. Cette cloison ne va pas jusqu'au fond de la caisse, mais se trouve au contraire arrêtée à 0^m,020 de ce fond, au moyen de petits tasseaux fixés à la partie inférieure des coulisses. La largeur du premier compartiment qui contiendra la romaine est de 0^m,145.

Deux courroies à boucle, attachées au fond de la caisse par des vis traversant en même temps ce fond et les barres qui le soutiennent, servent à fixer la romaine, dont l'emplacement est silhouetté à la peinture noire. Un bloc de bois, formé de cinq épaisseurs de 0^m,012 chacune collées et clouées, est fixé au fond de la caisse pour arrêter le curseur de la romaine et l'empêcher de glisser ; ce bloc est entaillé à sa partie supérieure pour le repos de la tige de la romaine.

La caisse est munie, sur les petits côtés, de deux poignées constituées par des bouts de corde molle de 0^m,009 de diamètre, passant par des trous percés dans le bois et arrêtés intérieurement par des nœuds. Elle est revêtue de l'inscription suivante :

**Série régimentaire d'outils
de boucher.**

Modèle 1896 (ou ancien modèle).

—————

1 paire de moufles.
1 romaine.

Arrimage des objets dans la caisse. — Les cordes qui portent les moufles sont pliées à la longueur convenable et liées en leur milieu avant d'être placées en vrac dans le plus grand compartiment.

La romaine est disposée dans l'autre compartiment, dans la position indiquée par la silhouette dessinée sur le fond de la caisse, le curseur poussé jusqu'à l'extrémité de la tige, de façon à se trouver arrêté par le bloc à ce destiné.

(Voir le croquis ci-joint, planche I.)

Planche I.

Aménagement de la caisse à pain de guerre pour le logement de la romaine et de la paire de moufles ajoutées à la série régimentaire (ancien modèle et modèle 1896) d'outils de boucher.

Échelle 1|10e

Élévation de face.

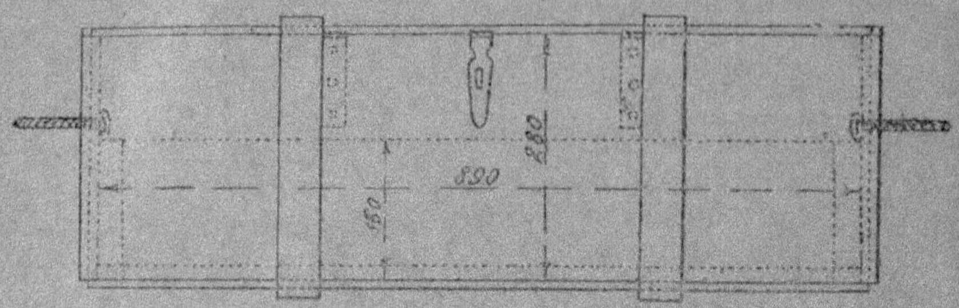

Vue en plan, la caisse ouverte.

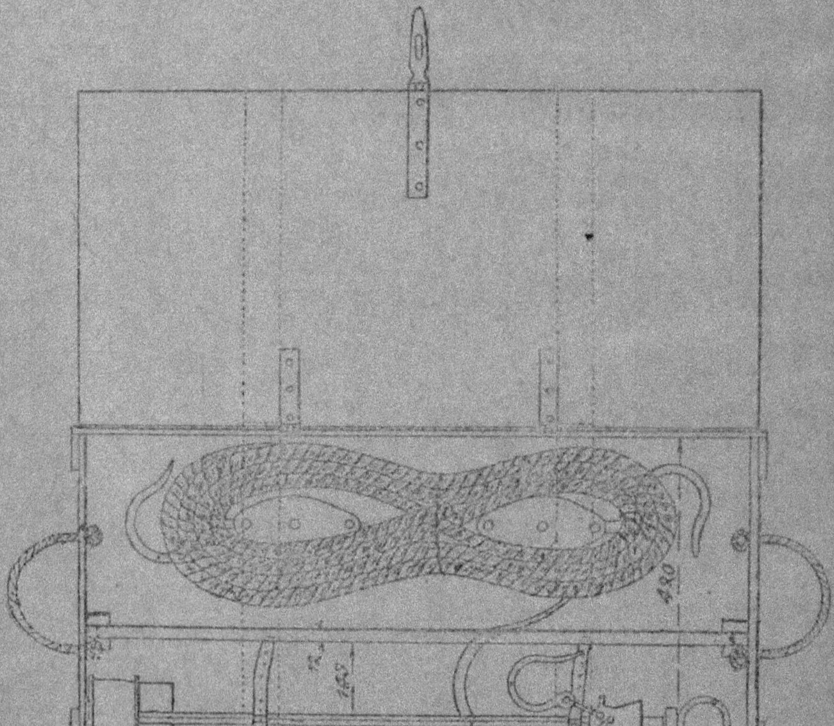

Il n'est pas utile de réduire la hauteur de la caisse, bien que cette hauteur soit supérieure de 0^m,100 à 0^m,120 à celle nécessaire pour le logement de la paire de moufles et de la romaine. L'opération présente certaines difficultés qui compliqueraient considérablement le travail ; ce surcroît de place pourra, au surplus, être utilisé, dans la pratique, pour le logement du linge ou d'autres objets qu'un réemballage hâtif pourrait avoir obligé à laisser hors de la caisse réglementaire.

F) DESCRIPTION DE LA SÉRIE RÉGIMENTAIRE D'OUTILS DE BOUCHER
MODÈLE 1910.

Appareil Bruneau complet...... Boutique de boucher en bois avec courroie..... Couperet de boucher...... Couperet à manche en bois...... Couteaux divers..... Crochet de suspension simple..... Crochet de suspension dit « allonge tournante »...... Feuilleret..... Fusil..... Longe à œil..... Scie à arc de boucher..... Lame de scie de rechange..... Tablier de boucher..... Blouse..... Pantalon..... Serviette.....	Conforme à la description donnée par la note ministérielle du 6 mai 1896 (*B. O.*, p. a., 2e sem., p. 132 et 133).
Romaine oscillante à deux manchons curseurs, de 120 à 125 kgr.	Tige en fer poli divisée en deux bras inégaux : le grand à section en forme de losange, le petit à section rectangulaire reliée par une partie plate dite « chef de la romaine », laquelle porte deux couteaux de charge et une aiguille soudée perpendiculairement au chef, dans le prolongement du couteau de charge. L'extrémité libre du grand bras est épaulée et écrasée pour former une rivure en pointe de diamant qui emprisonne une rondelle d'arrêt du curseur. Le grand bras est gradué sur l'une de ses faces de kilogramme en kilogramme, depuis 0 jusqu'à 125 kilogrammes. Il porte un curseur à manchon cylindrique en cuivre, garni intérieurement d'un coulisseau en tôle fixé au manchon en cuivre par trois vis, et muni d'un ressort frottant sur l'une des faces de la tige. L'intervalle entre le coulisseau et le manchon est occupé par du plomb fondu.

Romaine oscillante à deux manchons curseurs, de 120 à 125 kgr.	Le petit bras est gradué sur l'une de ses faces d'hectogramme en hectogramme, depuis 0 jusqu'à 9 hectogrammes. Il porte un curseur entièrement en cuivre muni d'un ressort de frottement. La lecture se fait : sur le grand bras, à l'extrémité du coulisseau du gros curseur, taillé en index et sur lequel est en outre pratiquée une ouverture qui facilite cette lecture; sur le petit bras, à l'affleurement du petit curseur, dont les arêtes sont abattues en chanfrein sur la face à considérer. Les crochets, en fer rond forgé et poli, sont fixés sur le chef de la romaine au moyen de chapes à tourillon garnies de rondelles en acier fondu, oscillant autour de chacun des deux couteaux. Le crochet de suspension a $0^m,06$, et le crochet de charge $0^m,195$ d'ouverture. Les couteaux ainsi que les rondelles qui garnissent les chapes sont en acier de première qualité et parfaitement trempés. L'instrument doit être poinçonné par le service des poids et mesures. Longueur totale de la romaine, $0^m,85$.
Paire de moufles de boucherie.....	Moufles à trois poulies avec grands crochets; chapes et crochets en acier, poulies en bronze de $0^m,08$ de diamètre, force 1.000 kilogrammes. Les moufles sont reliés au moyen d'une corde de 21 mètres de longueur et de $0^m,018$ de diamètre, en chanvre souple.
Tinet de boucherie.....	Barre en frêne, de $2^m,25$ de longueur et $0^m,10$ de diamètre, percée vers chacune de ses extrémités de trois trous également espacés, et munie, en son milieu, d'une forte bague en fer portant une oreille percée d'un trou pour le passage de l'un des crochets de la paire de moufles. Le tinet est accompagné de deux chevilles en fer qui portent chacune un anneau emprisonné dans la tête de la cheville et qui, enfoncées symétriquement dans l'un des trous de l'extrémité du tinet, servent à empêcher le glissement de l'animal lorsque celui-ci, après abat, a été accroché par les jarrets de derrière audit tinet.
Caisse d'emballage.....	Caisse pleine en peuplier de $0^m,020$ d'épaisseur; assemblage à rainures et languettes, et montage à queues;

Caisse d'emballage..................

quatre cornières en tôle de 0ᵐ,050, épaisseur 0ᵐ,0005. Couvercle avec emboîtures en chêne larges de 0ᵐ,050. Pour ferrures, deux pentures à charnières de 0ᵐ,040 de largeur au nœud de la charnière, et 0ᵐ,030 pour le reste, sur 0ᵐ,004 d'épaisseur, fixées aux extrémités par des rivets et dans les intervalles par des vis.

A 0ᵐ,180 des bouts, fermeture à moraillon et tourniquet à œil recevant un cadenas. Sur chaque bout, poignée en fer fixée par des rivets, tombante et à arrêt.

Garnie intérieurement de tasseaux en bois et de courroies en cuir pour le callage et l'assujettissement des outils lourds, fragiles ou tranchants et de tasseaux pour le support d'une planchette mobile de séparation en bois de peuplier de 0ᵐ,020 d'épaisseur, munie de deux poignées en corde.

Cette planchette est destinée à supporter les objets non fragiles et qui peuvent être maniés sans précautions spéciales.

Les objets pour lesquels une place immuable a été prévue sont silhouettés en noir sur le fond ou sur les parois de la caisse.

La caisse est entièrement peinte en gris à deux couches.

Dimensions extérieures :

Longueur.....................	0ᵐ,910.
Largeur.....................	0ᵐ,395.
Hauteur.....................	0ᵐ,360.

(Voir planche II.)

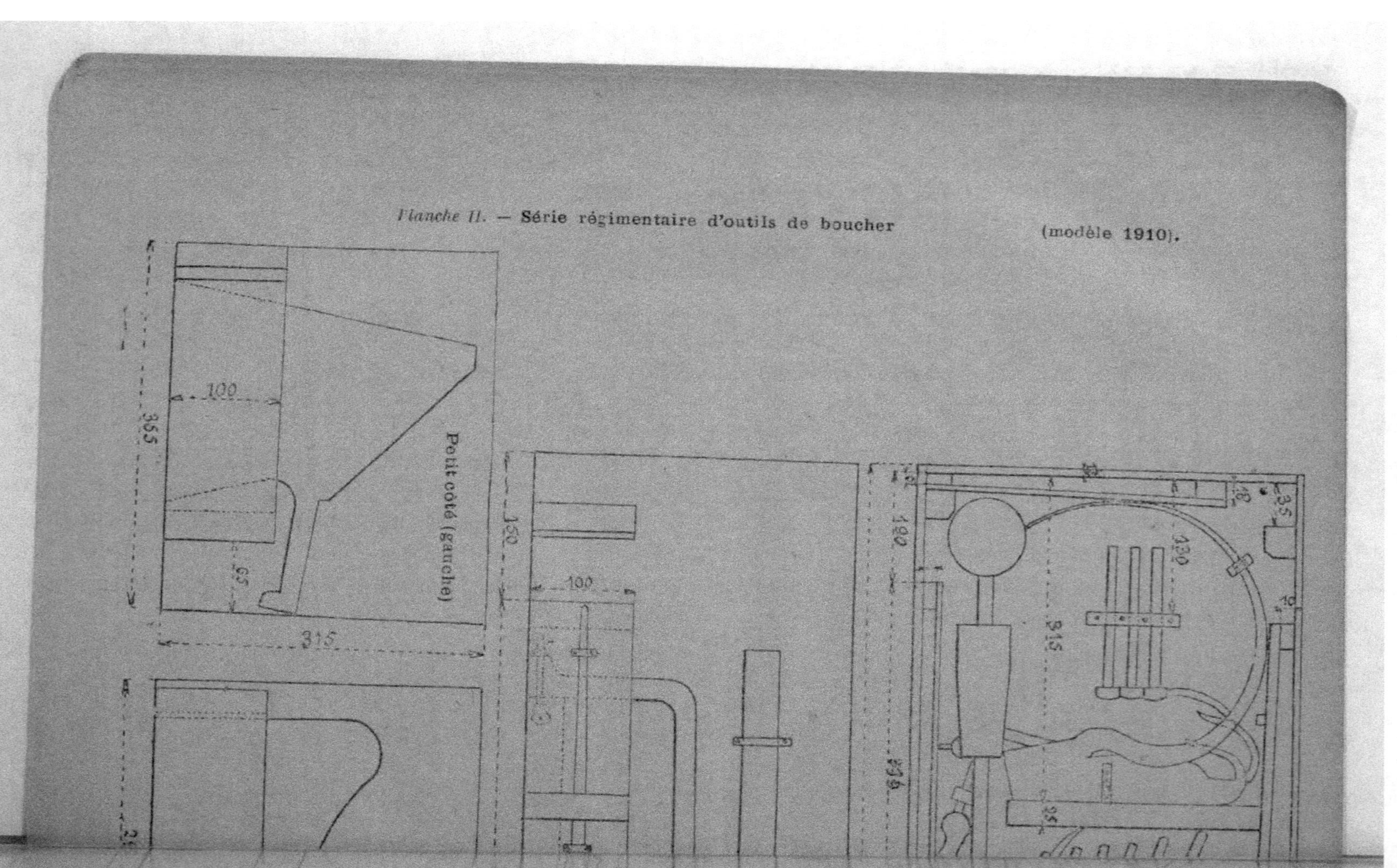

Planche II. — Série régimentaire d'outils de boucher (modèle 1910).

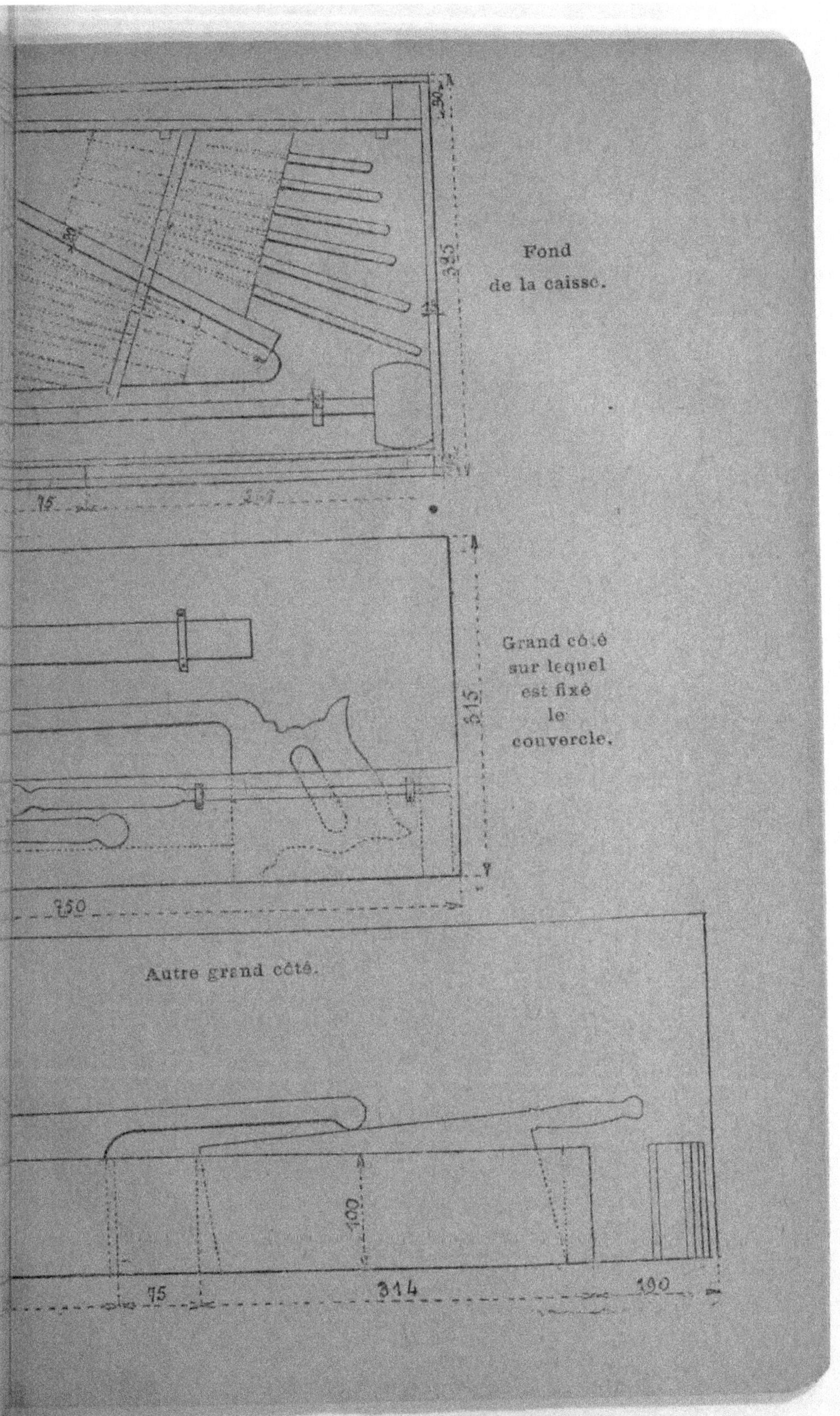

Fond
de la caisse.

Grand côté
sur lequel
est fixé
le
couvercle.

Autre grand côté.

G) Tableau indiquant le poids, la valeur et le mode d'arrimage
d'outils de bou

DÉSIGNATION DES OBJETS.		NOMBRE.	PRIX de L'UNITÉ.	POIDS.	VALEUR.
			fr. c.	kil. gr.	fr. c.
Appareil Bruneau complet.	Masque	1			
	Boulons	3	29 25	4 350	29 25
	Baguette.........	1			
	Maillet	1			
Boutique de boucher avec courroie, à 6 casiers.		2	3 00	1 110	6 00
Couperet de boucher.		1	8 50	2 650	8 50
Couperet à manche en bois		1	14 00	2 250	14 00
Couteaux		12	Divers.	1 490	15 10
Crochet de suspension simple		6	0 90	1 600	5 40
Crochet de suspension dit « allonge tournante ».		2	5 50	1 900	11 00
Feuilleret		1	2 75	0 840	2 75
Fusil		2	2 80	0 660	5 60
Longe à œil		3	1 20	1 550	3 60
Scie à arc de boucher		1	5 55	1 030	5 55
Lame de scie de rechange		1	2 00	0 075	2 00
Tablier de boucher		2	2 40	0 900	4 80
Blouse		2	3 50	0 890	7 00
Pantalon		2	4 00	1 250	8 00
Serviette		2	1 00	0 600	2 00
Romaine de 120 à 125 kilogr.		1	»	9 720	25 00
Paire de moufles de boucherie		1	»	12 300	20 00
Tinet de boucherie (sans les chevilles)		1	»	»	10 50
Chevilles en fer pour tinet de boucherie		2	»	2 650	
Caisse d'emballage		1	12 00	19 100	21 75
Totaux				66 585	207 80

DES OBJETS ENTRANT DANS LA COMPOSITION DE LA SÉRIE RÉGIMENTAIRE
CHER MODÈLE 1910.

MODE D'ARRIMAGE.	OBSERVATIONS.
A plat sur la planchette séparative de la caisse, sur la paire de moufles.	**NOTA.** — Ce mode d'arrimage s'inspire du principe suivant :
Dans le fond de la caisse, maintenus par une courroie formant trois ponts.	Placer dans le fond de la caisse le matériel fragile ou tranchant qui compose ce que l'on peut appeler l'arsenal du boucher. Disposer ce matériel de façon qu'il soit solidement maintenu, quelque position que prenne la caisse.
Libre dans le fonds de la caisse.	Mettre en vrac, au-dessus d'une planchette de séparation horizontale formant un compartiment analogue à celui d'une malle-chapelière, tous les objets non fragiles et qui peuvent être maniés sans précautions spéciales et sans danger pour les ouvriers.
A la partie supérieure de la caisse, sur la planchette formant séparation.	
Dans le fond de la caisse, côte à côte et inversées. Maintenues transversalement par une même courroie à boucle et calées longitudinalement d'un côté par l'une des têtes de la caisse, de l'autre par un tasseau.	Ladite planchette séparative a pour but d'éviter le contact des outils de l'arsenal du boucher avec des objets lourds qui risqueraient de les détériorer en cours de transport. Elle présente, en outre, l'avantage de faciliter les déballages puisqu'elle permet d'enlever en bloc tous les objets placés à la partie supérieure de la caisse ; elle peut aussi accélérer les emballages par la remise en place de la séparation avec son chargement.
De champ entre l'un des petits côtés de la caisse et une planchette *ad hoc*.	
De champ entre l'un des petits côtés de la caisse et une planchette *ad hoc*.	
Dans les deux boutiques.	
Dans le fond de la caisse, maintenue par une courroie à boucles.	
Libres dans le fond de la caisse.	
Comme le couperet à manche en bois.	
A plat sur la planchette qui maintient la scie, maintenus eux-mêmes par des passants en cuir.	
Au-dessus de la planchette formant séparation.	
De champ entre l'un des grands côtés de la caisse et une planchette *ad hoc*.	
Au-dessus de la scie contre la paroi de la caisse, maintenue par deux coulisseaux en cuir.	
Au-dessus de la planchette de séparation, sur le masque, le maillet et les divers cordages.	Le linge sale ou mouillé ne doit pas être replacé dans la caisse, où il ne pourrait que souiller ou oxyder le reste du matériel. Il doit être transporté sur la voiture à viande enveloppé dans une serviette et ne reprendre sa place dans la caisse qu'après avoir été lavé, séché et plié.
Dans le fond de la caisse, maintenue par deux courroies à boucle.	Voir le croquis ci-joint, planche II.
Sur la planchette formant séparation.	
Porté par la voiture à viande, sur l'un des côtés de laquelle il est maintenu par des supports métalliques dont un est muni d'une chevillette.	
Ces deux chevilles en fer à anneau qui accompagnent chaque tinet sont placées au-dessus de la planchette de séparation. (Le poids indiqué se rapporte seulement à ces chevilles et non au tinet.)	

ANNEXE N° 6 [1]

Notice sur les caractères distinctifs des denrées
de bonne et de mauvaise qualité.

(Modifiée par circulaire du 30 août 1913 (*B. O.*, p. 1059).

PAIN ORDINAIRE. — PAIN DE FARINE DE BLÉ TENDRE.

Caractères extérieurs.

Le pain bien préparé et bien cuit doit être développé, paraître léger à la main et avoir bel aspect ; la croûte supérieure doit présenter une surface lisse, fine, sans soufflures ni crevasses, de couleur tirant sur le jaune doré, sa croûte inférieure doit être bien formée et légèrement fauve. Le pain, généralement, doit avoir de deux à quatre baisures petites et régulières. Les dimensions du pain rond (à 1,500 gr. [2], deux rations de campagne à 750 gr.) sont à peu près les suivantes :

Diamètre. 0ᵐ,270

Epaisseur. 0ᵐ,095

Aspect intérieur.

La coupe du pain doit présenter une nuance uniforme de couleur blanche ; la mie est poreuse, légère, élastique, ne s'égrenant pas, adhérente à la croûte ; découpé en tranches minces, le pain doit bien tremper dans la soupe.

Odeur et goût.

Le bon pain a une odeur douce et balsamique, il ne doit jamais avoir une odeur de levain ; le goût et la saveur sont agréables.

---

(1) Les paragraphes imprimés en italiques sont plus particulièrement applicables au temps de paix (manœuvres, évolutions, etc.).
(2) La ration de manœuvres est réduite à 700 grammes.

En résumé, le pain militaire doit être, autant que possible, de la bonne qualité moyenne du pain bourgeois.

La qualité du pain s'apprécie au sortir du four et après ressuage; on juge mieux de son odeur quand il est coupé chaud; pour bien apprécier sa blancheur, il faut, au contraire, qu'il soit ressué. Le pain ordinaire doit porter l'indication de la date à laquelle il est fabriqué.

Pain de farine de blé dur.

Le pain de farine de blé dur, blutée à 20 p. 100, présente les mêmes caractères généraux que le pain de farine de blé tendre; toutefois, sa mie conserve un peu d'humidité, présente des trous ou yeux sensiblement plus petits et trempe moins bien dans la soupe, sa croûte se colore davantage et son développement est un peu moins grand; il est, par suite, moins léger à la main.

Ces différences diminuent progressivement avec un mélange de farine de blé tendre.

Pain biscuité.

Le pain biscuité a la même forme et sensiblement le même aspect que le pain ordinaire; ses caractères généraux sont les mêmes. Toutefois, il est un peu plus plat, sa croûte est un peu plus épaisse et légèrement plus foncée, sa mie un peu plus dense; les coupures faites sur la croûte supérieure y produisent des sillons peu profonds.

Le pain biscuité comporte deux rations comme le pain ordinaire. Son poids, après ressuage de vingt-quatre heures, est de 1.400 grammes; il est admis, dans les distributions, une tolérance en moins d'environ 30 grammes par pain, lorsque la fabrication remonte à moins de six jours et 50 grammes par pain si la fabrication remonte à six jours et au delà.

Le pain biscuité doit toujours porter l'indication de la date à laquelle il est fabriqué.

Pain de guerre.

Le pain de guerre est fabriqué sous forme de galettes carrées ayant environ 7 centimètres de côté et une épaisseur de 20 à 25 millimètres; les faces sont pointillées, sans cloches, soufflures ni gerçures; les tranches sont pleines, sans crevasses ni fendillements ; les perforations des faces ne doivent pas dépasser un demi-millimètre de profondeur.

La croûte est peu épaisse, la mie blanche et poreuse ; l'odeur et la saveur agréables.

Il doit être d'une siccité parfaite, ne doit pas s'émietter et résister suffisamment aux chocs divers provenant des opérations d'encaissement et de transport.

Le poids de chaque galette est de 50 grammes avec une tolérance de 3 grammes en plus ou en moins.

VIANDE DE BOUCHERIE.
(Voir ci-après l'annexe spéciale n° 7.)

Salaisons.

Les salaisons de bonne qualité sont celles dont les viandes ont le mieux conservé leurs formes et leur couleur.

Une chair très vive à l'extérieur, rosée à l'intérieur, une graisse blanche, une odeur franche, une consistance ferme, un goût agréable, une saumure incolore ou très légèrement colorée, un sel abondant et en beaux cristaux dans le baril, sont les caractères d'une bonne salaison.

Si, au contraire, la chair est brune, d'une teinte livide et la graisse jaunâtre, si l'odeur est forte ou rance, si la viande est d'un goût peu agréable, si, enfin, il ne reste point ou presque point de sel dans le baril, on peut en conclure que la salaison a eu une préparation défectueuse, qu'elle éprouve un commencement d'altération et qu'elle n'offre plus de sécurité, soit pour la conservation, soit pour la distribution.

Les salaisons sont distribuées sans égouttage préalable : on se borne à secouer chaque morceau, pour le dégager complètement du sel qui y est adhérent.

Conserves de viande.

Conserves de bœuf bouilli. — Les conserves de viande sont logées dans des boîtes en fer-blanc étamé, de formes variables mais dont le poids net est de 300 grammes ; ces boîtes doivent être bien confectionnées, soudées ou serties avec soin et offrant une résistance suffisante.

Elles doivent être composées de bons morceaux, bien dégraissés, convenablement cuits et ne contenir ni sel, ni os, ni aucune partie des bas morceaux qui sont absolument exclus de la fabrication, tels que : tête, tendons, cou, jarret, etc.

Il est recommandé de ne pas ouvrir les boîtes trop longtemps avant l'emploi de la viande qu'elles contiennent.

La mauvaise qualité des conserves se révèle généralement :

1° Par le bombage du fonds des boîtes, qui indique une fermentation et une décomposition du contenu ; ,

2° Par des trous ou fissures pouvant être dus, soit au bombage dont il vient d'être parlé, soit à des effets de rouille sur le fer-blanc des boîtes, à des chocs ou à des lacunes dans le soudage ;

3° Par la mauvaise odeur qui s'exhale des boîtes éclatées, percées ou fissurées.

Une certaine fluidité de la gelée, se manifestant par un ballottement dans la boîte, n'est pas toujours un indice d'altération, le bouillon ne devant être gélatinisé, c'est-à-dire à l'état de gelée qu'après repos et sous une température inférieure à 15 degrés centigrades.

Lard.

Le lard doit être de préparation récente, ferme, bien blanc, sans taches jaunâtres de rancidité, sans mauvaise odeur, en un mot sans trace d'altération quelconque. Les parties maigres doivent avoir été soigneusement enlevées :

Autant que possible, le lard ne doit pas avoir une épaisseur inférieure à cinq centimètres mesurés sur le dos ; l'épaisseur des bandes dans les parties de flanc doit être de deux millimètres au moins.

Graisse de saindoux.

Le saindoux doit être exclusivement de la graisse de porc.

Le saindoux de bonne qualité est blanc, légèrement grenu, de consistance ferme, variable suivant le climat et la saison, presque inodore, d'une saveur fade caractéristique ; il fond entre plus 26 degrés et plus 31 degrés centigrades et se présente alors d'une limpidité uniforme ne donnant lieu à aucun dépôt.

Graisse alimentaire.

La graisse alimentaire doit être fabriquée exclusivement avec

les graisses de porc, de bœuf, de veau, de mouton mélangées avec des huiles à manger provenant des fruits ci-après : olives, noix, pavots, œillette, coton, sésame, arachide, sans mélange d'autres huiles végétales ou animales, d'huile minérale ou d'huile de résine.

Graisse de coco.

La graisse de coco est la matière grasse convenablement épurée extraite de la noix de coco.

C'est un produit blanc, inodore, sans saveur nette, fondant aux environs de 25 degrés ; il ne doit renfermer ni eau, ni acides libres, ni d'autres matières grasses.

Riz.

Quelle que soit sa provenance, le riz doit être entièrement net, c'est-à-dire débarrassé de son enveloppe.

Les grains doivent être entiers, bien nourris, avoir à peu près même forme et même volume, avoir une odeur douce et agréable.

Le poids à l'hectolitre varie, selon la provenance, entre 81 et 86 kilogr.

Légumes.

Légumes secs. — On comprend sous la dénomination de légumes secs les grains comestibles provenant des plantes ci-après, et récoltées à leur complète maturité, savoir : les haricots, les lentilles, les pois, les fèves, etc.

On reconnaît la bonne qualité des légumes secs au luisant et au coulant du grain, à leur poids spécifique à l'hectolitre, qui est en moyenne de 75 à 78 kilogr. pour les haricots, de 78 à 85 kilogr. pour les lentilles et d'environ 79 kilogr. pour les pois.

Sont à rejeter : les légumes secs ridés, tachés par la rouille, dégageant une mauvaise odeur, soit naturellement, soit au trempage à l'eau bouillante.

Les légumes secs doivent être sains, débarrassés de tous les corps étrangers et d'une cuisson facile.

La cuisson doit être parfaite au bout de deux heures et demie d'ébullition.

Les haricots exotiques des espèces de Birmanie, Java dits haricots des Indes, doivent être refusés.

Caractères extérieurs des haricots des Indes. — Les fèves ou haricots des Indes offrent un mélange de teintes diverses ; on en distingue souvent une quinzaine dans un même échantillon. La plupart des graines sont uniformément colorées ; un certain nombre présentent des stries blanches sur un fond noir ou violacé, ou des stries noires ou violacées sur fond plus clair et de teinte variable. D'autres sont même entièrement blanches. Quelle qu'en soit la couleur, ces graines mesurent en moyenne 15 millimètres de long sur 10 millimètres de large, presque toutes sont plus aplaties que les variétés des haricots vulgaires et, contrairement à ce que l'on observe dans ces dernières, la côte de l'ombilic est presque rectiligne. Un caractère important consiste à ce que l'une des moitiés ou extrémités est plus large que l'autre, la plus étroite est celle qui loge la radicule embryonnaire. La moitié la plus large, au lieu d'être régulièrement convexe sur le côté opposé à l'ombilic se montre ordinairement plus ou moins tronquée. La forme de la graine ressemble alors quelque peu à celle d'un triangle scalène. Le caractère est d'autant plus apparent que la graine est plus aplatie. En tous cas, lorsqu'il cesse d'être apparent, la différence de largeur des deux moitiés de la graine reste toujours reconnaissable dans la plupart des semences indiennes.

Tous ces caractères se rapportent aussi bien aux haricots de Java qu'à ceux de Birmanie. Ces derniers colorés ou non sont de forme globuleuse et les haricots blancs ont une nuance terne de vieil ivoire.

Pommes de terre.

Les pommes de terre de bonne qualité ont la chair farineuse et d'une couleur uniforme, la pellicule mince et adhérente. Celles qui sont atteintes par la maladie sont molles, présentent à leur surface des taches brunes et à la coupe une marbrure rousse, quelquefois une coloration verte, leur odeur est fade, leur saveur âcre. Les pommes de terre germées sont faciles à reconnaître, même lorsque les pousses ont été coupées ; elles manquent de saveur et de fermeté ; elles sont souvent dangereuses et doivent toujours être rejetées.

Les déchets comprenant les pommes de terre coupées, meurtries, etc., ne doivent pas être admis dans une proportion supérieure à 10 p. 100.

Sel.

Le sel gemme ou de roche, le sel marin gris ou blanc raffiné peuvent être également employés, selon les ressources locales.

Le sel doit être suffisamment sec et débarrassé de matières terreuses ou sablonneuses.

Sucre.

Le sucre peut être cristallisé ou raffiné ; le sucre cristallisé doit être parfaitement sec, de nuance bien blanche ou légèrement azurée.

Le sucre raffiné en pains, de bonne qualité est d'une blancheur parfaite, d'une saveur agréable, d'un grain brillant ; il est exempt de gerçures et de marbrures et ne présente aucune trace d'arome étranger ; frappé avec le dos de la main, il rend un son clair et vibrant. Enfin, en le faisant dissoudre dans l'eau, il n'y dépose aucun résidu.

Café.

Le café, lorsqu'il n'est pas livré par le service des subsistances militaires, doit être acheté, autant que possible, à l'état torréfié et en grains.

Vins.

Le vin doit être parfaitement limpide, soutiré au clairfin, droit en goût, exempt de toute altération, titrer au minimum : pour les vins du pays, 6 degrés alcooliques et 9 degrés pour les vins de coupage.

Eau-de-vie.

Quelle que soit sa nature, l'eau-de-vie doit être transparente, droite en goût, parfaitement limpide et avoir une richesse alcoolique de 47 degrés.

La qualité de l'eau-de-vie s'apprécie aux caractères ci-après :

Couleur. — L'eau-de-vie doit être claire, brillante et blanche si elle est nouvelle, un peu ambrée si elle a quelques années, d'un jaune brunâtre si elle est très vieille. Sa coloration, nulle à l'origine, est due à un séjour plus ou moins prolongé dans des futailles en bois de chêne.

Goût et odeur. — L'eau-de-vie doit être moelleuse et agréable au palais ; elle ne doit avoir rien de dur, ni aucun goût de terroir ou de fût ; son odeur est aromatique et, lorsqu'on en frotte quelques gouttes entre les mains pour favoriser l'évaporation, elle laisse un parfum agréable, exempt de toute odeur étrangère à son espèce

Cidre.

Le cidre est généralement d'une belle couleur ambrée et d'une saveur agréable. Tout produit vendu comme cidre doit contenir au minimum 3 p. 100 d'alcool.

Dans le cas contraire, le produit doit porter le nom de petit cidre.

Bière.

La bière doit être limpide, droite en goût, d'une saveur piquante et agréable.

Bois de chauffage.

Au point de vue de l'essence, les bois se divisent en bois durs, bois tendres et bois résineux.

Les bois durs sont le chêne, le charme, le frêne, le hêtre, l'orme, l'acacia.

On considère comme bois tendres ou blancs, le peuplier, le saule, le bouleau, l'aune, le tremble

Enfin, comme bois résineux, on peut citer différentes variétés de pin, de sapin et de mélèze.

On exige du bois une certaine ancienneté de coupe variable suivant les localités et les circonstances.

Houille ou charbon de terre.

La houille de bonne qualité, quelle que soit sa provenance, ne doit pas présenter plus de 2 p. 100 de matières pierreuses, ni plus d'un dixième de poussier ; après combustion, le poids des cendres ne doit pas être supérieur à 12 p. 100.

Foin.

La qualité du foin dépend beaucoup de la nature du sol qui l'a produit, de la variété plus ou moins grande des graminées et des légumineuses qu'il renferme, et aussi du mode d'arrosage des prairies d'origine.

Le foin récolté dans des prairies basses, marécageuses, renferme des plantes de mauvaise qualité (laiches, joncs, renoncules, iris, menthe, consoude, etc.), et n'offre pas de garanties sérieuses pour une bonne alimentation.

Le bon foin a une couleur verte, franche et un peu foncée, une odeur légèrement aromatique ; ses tiges sont fines, flexibles et cassantes ; il doit être parfaitement sec.

Sont à rejeter les foins dont les tiges sont coriaces, ligneuses, qui sont d'une couleur terne ou noirâtre, qui exhalent une odeur d'échauffé et de pourri.

Sont également reconnus mauvais les fourrages envahis par la rouille, le charbon, la carie, les foins vasés, sablés, terreux et poussiéreux.

Paille.

La paille de bonne qualité se reconnaît aux caractères suivants : tuyaux minces et flexibles, garnis de leurs feuilles, couleur d'un blanc mat ou d'un jaune doré, aspect luisant, épis pourvus de leurs balles ou calices. Si la paille est fraîchement battue, son odeur est agréable et sa saveur légèrement sucrée. On doit rechercher la paille fourrageuse, c'est-à-dire celle qui contient une certaine quantité de plantes susceptibles d'en améliorer la qualité.

Doivent être refusées : la paille provenant d'un blé atteint des maladies connues sous le nom de rouille, carie ou charbon; elle a une teinte sombre et présente des taches noires ou brunes. Sont également réputées mauvaises, les pailles trop vieilles ou détériorées par l'humidité et celles qui ont une odeur de moisi.

Avoine.

L'avoine de bonne qualité est bien sèche et coule facilement entre les doigts ; son écorce est mince, brillante et lustrée, sans rides ; son amande est serrée, blanche ; elle laisse, quand on l'écrase dans la bouche, une saveur agréable et farineuse ; versée d'une certaine hauteur sur un corps dur, elle rend un bruit sec.

Selon la provenance et les conditions des récoltes, son poids spécifique peut varier entre 45 et 55 kilogrammes à l'hectolitre.

L'avoine doit être exempte de mauvaise odeur, d'avarie ou d'altération quelconque.

Parmi les graines récoltées avec l'avoine, on distingue celles qui sont propres à l'alimentation et celles qui sont nuisibles ou seulement inertes.

Les premières sont le froment, l'orge, le seigle, l'épeautre, le maïs, le sarrasin, la vesce, les pois, les féveroles.

Les secondes sont les graines de sauge, de coquelicot, de jacée, de nieille, de liseron, de trèfle. Celles-ci doivent avoir disparu au criblage.

L'avoine doit être rejetée lorsque, sans être avariée, elle conserve une odeur de grenier ou de bateau.

Orge.

L'orge doit être de belle qualité, bien sèche, coulante à la main, d'une belle couleur franche, exempte de mauvaise odeur, d'avarie ou d'altération quelconque, et aussi de mélange d'autres céréales ou de graines étrangères à sa production.

L'orge de bonne qualité pèse 56 à 62 kilogr. à l'hectolitre.

ANNEXE N° 7

Notice concernant la viande fraîche.

SECTION Iʳᵉ

CHOIX DES BESTIAUX.

Quelle que soit leur espèce ou leur race, les bestiaux doivent être bien conformés, en bon état de santé, et dans un état d'embonpoint satisfaisant. Il est nécessaire, en outre, que les bœufs et les vaches n'aient pas été soumis à un travail forcé.

§ I. — *Examen du gros bétail sur pied.*

Les bovidés doivent être examinés avant l'abatage au point de vue de l'état de santé, du degré d'embonpoint et de la conformation générale.

ÉTAT DE SANTÉ.

L'animal en bonne santé présente une physionomie spéciale : il a l'œil éveillé et brillant ; ses allures sont vives et dégagées ; le mufle est frais et couvert de rosée ; le poil est lisse et comme lustré ; la colonne vertébrale s'infléchit lorsqu'on la pince légèrement au niveau des reins entre le pouce et l'index ; la rumination et l'appétit sont réguliers.

Vu couché, l'animal se présente dans le décubitus ordinaire, c'est-à-dire sterno-costal (1). Au repos, il rumine en sommeillant. Le décubitus latéral complet est en général un signe de mauvais augure.

Quelle que soit la façon dont il repose, il est bon de le faire lever afin d'apprécier exactement son état de santé. S'il est bien portant, une fois debout, il s'étire en voussant la colonne vertébrale en contre-haut et en la baissant ensuite dans un mouvement spécial dit de « pandiculation ».

---

(1) Dans le décubitus sterno-costal, le corps est penché et repose sur un côté ; l'encolure est déjetée du côté opposé ; les membres antérieurs sont fléchis sur eux-mêmes, l'un est engagé sous la poitrine, l'autre est plus ou moins apparent ; les talons de ce dernier touchent au coude ; les membres postérieurs sont fléchis en avant, l'un est presque caché sous le ventre, l'autre est libre.

A ces signes faciles à voir, viennent s'ajouter d'autres renseignements qui résultent de l'emploi de procédés très simples.

La température intérieure du corps, prise au rectum ou à la vulve, à l'aide d'un thermomètre à maxima, ne doit pas dépasser 38°,5 — 39 degrés (1).

La main portée en arrière de l'épaule gauche au niveau du cœur, permet de compter le nombre des battements à la minute. La fréquence varie beaucoup avec l'âge et le degré d'engraissement. On compte, en moyenne, 35 à 40 pulsations par minute.

Le nombre des mouvements respiratoires varie de 12 à 15.

L'animal malade se présente avec une attitude générale variable suivant la nature et l'intensité de la maladie.

Au cours des affections aiguës la physionomie revêt un caractère de tristesse tout spécial ; le malade se déplace difficilement ; le mufle est sec et chaud ; la bouche est chaude ; le poil est terne ; la tête est basse ; les *grandes fonctions* (respiration, circulation...) sont accélérées ; l'appétit et la rumination sont troublés.

La souplesse de la colonne vertébrale peut ou diminuer ou disparaître, l'animal affectant de se tenir voussé ; parfois, au contraire, elle peut être exagérée.

Des symptômes sont constatés qui tiennent plus particulièrement aux maladies diverses que l'on peut observer : salivation et ulcérations au cours de la fièvre aphteuse ; excréments liquides striés de sang à la suite d'entérite ; écoulement de muco-pus par la vulve dans les cas de métrite.....

Dans les cas de maladie chronique ayant amené la cachectisation progressive, on trouve des symptômes généraux d'une grande importance : amaigrissement avec ou sans émaciation de muscles, surtout dans la région des lombes et du dos ; peau collée aux côtes ; yeux caves et ternes...

______

(1) Il est commode d'employer des thermomètres dont la tige présente un côté plan, de manière à faciliter la lecture des indications fournies par l'instrument.

La prise de température exige l'observation de quelques précautions : maintien de la cuvette de l'appareil au contact de la paroi de l'une des cavités naturelles explorées (rectum, vagin) pendant un temps suffisant (plusieurs minutes); examen des animaux au repos à l'abri des intempéries; ne pas prendre la température aussitôt après l'ingestion d'eau froide ou après une évacuation alvine.

On doit rechercher d'autres signes qui indiquent l'existence de maladies graves : la présence de tuméfactions et d'indurations des ganglions envahis par la tuberculose ; les altérations de la mamelle, avec hypertrophie ou simple induration, seules ou associées à d'autres lésions siégeant du côté de l'intestin ou de la matrice...

Il convient de retenir que les animaux, sous l'influence de la fatigue, des marches forcées, du séjour prolongé en wagon, de la température élevée, peuvent arriver à l'abattoir dans de mauvaises conditions faisant croire à un état maladif.

Lorsque la santé n'est pas profondément altérée, un repos de quelques jours fait disparaître les signes de fatigue.

État d'embonpoint. — Chez les animaux adultes, la graisse se dépose de préférence à l'intérieur (suif) et infiltre les masses musculaires. Les sujets qui reçoivent une nourriture très alibile composée surtout de soupes ont une tendance à faire beaucoup de graisse extérieure (1).

La graine s'amasse d'abord le long des veines et des vaisseaux lymphatiques. Elle se dépose en nappes, entre les plans musculaires de la poitrine et du flanc. Elle forme des amas importants, au voisinage des ganglions. Ces dépôts sont faciles à explorer. Ils portent le nom de « maniements ».

Les maniements dont la consistance est dure indiquent une viande dense ; au contraire, chez les jeunes sujets nourris d'une façon intensive, les amas de graisse sont plus ou moins flasques (2).

L'exploration méthodique des maniements permet de calculer le rendement en viande et en suif.

Les principaux maniements à examiner sont décrits ci-après.

Les « *abords* » ou « *cimier* », placés de chaque côté de la base de la queue, dans le repli cutané qui unit celle-ci à la pointe de la fesse, doivent être bien développés et fermes. Ils forment, chez les animaux bien gras, des masses en saillie faciles à prendre entre le pouce et les autres doigts.

La « *côte* » explorée au niveau de la courbure des dernières

---

(1) Les bouchers disent de ces animaux qu'ils « mettent tout dehors ». Le veau, le taureau et la vache âgée font peu de graisse de couverture.

(2) Les bouchers disent que les sujets sont « creux ».

côtes doit donner la sensation d'une peau bien souple et mobile sur un plan adipeux plus ou moins épais et moelleux.

Ces deux maniements sont l'indice de dépôts de « graisse de couverture ».

La « *bragure* » ou « *cordon* », qui siège dans la région du périnée, entre les cuisses, doit être considérable ; elle déborde ou remplit la main qui la soupèse (1).

L' « *œillet* » ou « *hampe* » placé dans le repli du flanc, doit être bien garni, tendre le bas du repli qui s'étend de la partie latérale du ventre à la cuisse, donner à la main qui le soulève une sensation très nette de pesanteur et s'étendre sur 20 à 25 centimètres en longueur et 10 à 15 en hauteur.

L'œillet indique au plus haut degré l'existence de la graisse intérieure.

Le « *travers* » ou « *aloyau* » est d'autant plus épais que l'animal est mieux en chair. Il est constitué par les plans musculaires et la graisse de la région lombaire. Il doit être épais, résistant, difficile à saisir.

Conformation générale. — La bonne conformation comporte une répartition régulière de la graisse, un certain rapport entre les os et les muscles, et un aspect extérieur qui traduit un bon rendement.

Les sujets mal conformés ont souvent beaucoup de suif intérieur ; au contraire, les bêtes précoces et bien conformées paraissent souvent plus grasses qu'elles ne le sont en réalité.

Certaines vaches déformées par l'âge, le travail, la lactation et les parturitions nombreuses peuvent paraître maigres et présenter néanmoins à l'abattoir un certain degré d'engraissement qui fait admettre leur viande pour la consommation (2).

D'une manière générale, il faut préférer aux vaches de bonne qualité dont la *région des reins est toujours un peu émaciée*, les taureaux engraissés à point et bien en chair.

---

(1) Chez la vache, la partie de ce maniement qui s'étend du côté de l'ombilic (avant-lait) indique un degré d'engraissement très avancé.

(2) Il s'agit ici de viande de 3ᵉ qualité qui serait refusée en application des cahiers des charges de l'armée.

§ II. — *Examen des petits animaux vivants.*

Les petits animaux en *bonne santé* présentent une attitude vive et éveillée, une physionomie animée, l'œil brillant.

Le *veau* (1) sain et de bonne qualité doit avoir la peau fine, les muqueuses apparentes d'un rose pâle sans injection.

Les veaux engraissés à l'étable dans de bonnes conditions donnent une chair blanche et ont les muqueuses pâles. Ceux qui vivent au pâturage et ne sont pas soignés avec autant de minutie sont rouges.

Le mode d'alimentation se traduit encore par la couleur des matières excrémentielles qui salissent le pourtour de l'anus et la base de la queue ; elles sont jaunes lorsque le lait forme la nourriture principale des sujets ; elles sont plus ou moins teintées en vert par la chlorophylle des plantes lorsque l'animal a brouté.

La température normale du veau est de 38 degrés — 38°,5. Le nombre des pulsations est de 100 et plus ; celui des respirations atteint 20—22.

Le *mouton* en bonne santé est vif et alerte. Sa laine est douce, onctueuse ; elle s'arrache difficilement. La conjonctive est rose. Couché, le mouton repose sur le sternum et sur le ventre.

La température intérieure est de 39°,5 — 40 degrés. Le nombre des pulsations atteint 62 — 88 ; celui des respirations est de 13 — 16.

Le *porc* en bonne santé a des mouvements vifs ; il se laisse difficilement conduire. La queue s'enroule en tire-bouchon et se maintient ferme. La peau est douce, lisse et luisante par suite du renouvellement fréquent de l'épiderme.

La température intérieure est de 38°,5 — 39 degrés. On compte 62 — 96 pulsations et 15 — 20 respirations par minute.

Les petits animaux, lorsqu'ils sont malades, sont tristes ; leurs allures sont moins vives.

Chez le *veau*, les maladies les plus graves sont : les diarrhées

____

(1) La viande de veau est, en principe, exclue des fournitures de l'armée. Les indications données pourront s'appliquer aux fournitures d'hôpital.

persistantes, les affections de l'ombilic avec ou sans complication de polyarthrite, les tumeurs charbonneuses (1) crépitantes sous la pression des doigts...

Le *mouton* malade suit péniblement le troupeau. Il est triste et se défend peu lorsqu'on le saisit et le maintient captif. La tête est portée basse, près de terre, et la physionomie est bien spéciale.

L'animal peut uriner du sang comme dans la fièvre charbonneuse ; tourner sur lui-même en rond, lorsqu'il existe des lésions parasitaires du cerveau (cœnure déterminant la maladie dite « tournis »).

Les naseaux peuvent laisser s'écouler un jetage plus ou moins gluant.

Des symptômes de météorisation (ballonnement du flanc gauche) sont parfois observés.

La pâleur exagérée des muqueuses peut faire soupçonner quelque affection grave et cachectisante.

Le *porc* malade fait entendre des grognements plaintifs ; sa queue est flasque et ne s'enroule plus en spirale ; l'appétit est diminué ou nul.

Dans le cas de maladies aiguës, telles que le rouget et la peste porcine, la peau peut se couvrir de taches rougeâtres ou violacées plus ou moins étendues.

Lorsqu'il s'établit quelque affection chronique (tuberculose, rouget, pneumonie infectieuse...), l'amaigrissement peut survenir ; l'animal tombe dans le marasme et les parasites l'envahissent facilement.

On peut observer des déformations osseuses, soit des membres (rachitisme...), soit de la tête (maladie dite du « reniflement »).

L'examen de la cavité buccale et notamment de la face inférieure de la langue (« langueyage ») permet de trouver parfois, surtout sur les porcs du Limousin ou de la Bretagne, des kystes ladriques ou cysticerques. La maladie (ladrerie) existe souvent sans qu'aucun trouble grave soit apporté aux grandes fonctions organiques.

---

(1) Le charbon symptomatique est observé, dans les pays d'élevage, sur les veaux au pâturage.

État d'embonpoint et conformation générale. — Les veaux des pays herbagers sont souvent vendus au boucher avant qu'ils n'aient atteint l'âge de 15 jours. Ils sont petits et n'ont point de cornillons ; le bout du nez et les gencives sont violacés, les onglons souples et flexibles ; parfois on trouve encore des traces de cordon ombilical. Les veaux ne sont bons qu'autant qu'ils ont plus de trois semaines et qu'ils ont été bien engraissés.

Les *moutons* les plus appréciés ont les reins et le dos larges, la côte arrondie, les gigots courts et en général la tête et les membres rapetissés.

La graisse se dépose sous forme de couverture.

On se rend compte du degré d'embonpoint en palpant la région dorso-lombaire ou maintenant du « travers ». La main le saisissant entièrement ne peut pénétrer dans le flanc lorsque les animaux sont bien gras. On peut aussi explorer les « abords ». Comme chez le bœuf, ceux-ci sont situés de chaque côté de la queue. On ne doit pas oublier que certaines races de mouton africain, surtout exploitées en Tunisie et dans la province de Constantine se présentent à l'état normal avec une queue abondamment chargée de graisse.

Les porcs de races précoces (anglaises ou croisées avec des races anglaises) ont les extrémités réduites, le corps trapu ; ils sont de petite taille ; les oreilles sont fines et les soies rares ; le lard est épais.

Les porcs rustiques, de races locales, ont les extrémités très développées, la croupe un peu avalée, les oreilles longues et tombantes, la peau couverte de soies ; le lard est plus ferme.

On s'assure de la fermeté du lard par la palpation.

Le lard est mou et aqueux lorsqu'on observe une certaine flaccidité des chairs vers la partie inférieure des côtes.

Les porcs engraissés dans les laiteries à l'aide de sous-produits dont la salubrité et l'état de conservation laissent à désirer présentent souvent des chairs molles et dépréciées.

On admet généralement qu'un ventre tombant très accusé dénote une surcharge de graisse intérieure autour des rognons et des organes digestifs.

§ III. — *Détermination de l'âge des animaux.*

Les caractères qui permettent de dire approximativement

l'âge des animaux de boucherie sont tirés de la forme et de l'usure des dents et de l'aspect des cornes.

Le tableau suivant les résume (1).

	BOVIDÉS.	MOUTONS	PORCS.
Dents de lait (Incisives)	Sont au complet vers 4 à 6 semaines ; se maintiennent jus-qu'à 18 mois. Les coins sont nivelés de 18 à 24 mois.	Se maintiennent jus-qu'à 15 mois en-viron.	Sont au complet vers 3 à 4 semaines ; se maintiennent jus-qu'à 6 ou 7 mois.
Dents de rem-placement (incisives)	Chute des pinces de 1 an 1/2 à 2 ans (2 dents). Chute des mitoyennes internes de 2 ans à 2 ans 1/2 (4 dents). Chute des mitoyennes externes de 3 ans à 3 ans 1/2 (6 dents). Chute des coins de 3 ans 1/2 à 4 ans 1/2 (8 dents « bouche faite »).	Chute des pinces de 15 à 18 mois (2 dents). Chute des mitoyennes internes de 1 an 1/2 à 2 ans (4 dents). Chute des mitoyennes externes de 2 ans 1/2 à 3 ans (6 dents). Chute des coins de 3 à 4 ans (8 dents).	Chute des coins de 6 à 7 mois 1/2. Apparition de la dé-fense ou crochet vers 8 mois. Chute des pinces vers 1 an. Chute des mitoyennes vers 1 an 1/2 à 2 ans.
Cornes........	Absence de cornillons chez les veaux de moins de 15 jours ; à 3 ans, apparition du premier sillon ; on note un sillon en plus chaque année.	»	»

Vers 6 ou 7 ans, chez les bovidés, les pinces usées se « ni-vellent ». Puis vient le tour des mitoyennes (8—9 ans) et des coins (vers 10 ans) ; vers 12 ans, l'animal n'a plus que des dents très usées (« chicots »).

La détermination de l'âge a une grande importance pour l'appréciation de la qualité de la viande. Il faut préférer la viande de taureau bien engraissé et jeune à celle de la vache âgée toujours plus ou moins épuisée par la lactation. La viande de génisse engraissée à point est des plus appréciées.

---

(1) Les chiffres donnés n'ont rien d'absolu. Les animaux de races peu précoces ont des dents de remplacement qui apparaissent un peu tardi-vement.

SECTION II

RÉCEPTION DES BESTIAUX.

Les bestiaux sont reçus au poids brut, déterminé au moyen d'instruments de pesage, ponts-bascules, balances bascules, etc., autant que possible après un jeûne de sept à huit heures au moins (1).

L'épreuve de la balance est le seul moyen d'évaluer exactement le poids vif du bétail ; il est donc nécessaire d'y recourir chaque fois que l'on disposera d'appareils permettant d'effectuer rapidement cette opération.

Pour peser un bœuf ou une vache, il faut que l'animal soit placé d'aplomb, autant que possible, de façon que le poids du corps soit également réparti sur le tablier. Il est également nécessaire que la corde d'attache que le conducteur tient à la main soit laissée flottante, afin de ne pas exercer une traction qui pourrait altérer le poids réel.

Quelques animaux montrent de la résistance à monter sur le plateau de la bascule ; il faut alors leur couvrir les yeux avec une étoffe épaisse et les faire marcher quelques pas avant de les amener sur le tablier.

Pour les moutons et les porcs, on peut les placer sur le plateau après leur avoir lié les quatre membres ensemble de façon à les empêcher de s'échapper.

Si l'on ne dispose que d'instruments de pesage de faible portée, le poids brut est évalué après l'abat, suivant les quantités de viande nette fournie, auxquelles on ajoute le poids du déchet.

---

(1) Un jeûne de 7 à 8 heures est suffisant dans la plupart des cas; il peut arriver cependant que des fournisseurs peu scrupuleux fassent absorber aux bestiaux, avant de les présenter en livraison, d'énormes quantités de nourriture, de l'orge de préférence. Cette manœuvre, que décèle le ballottement du ventre et la difficulté des évacuations excrémentielles des animaux qui en ont été l'objet, ainsi que la présence dans les matières expulsées de grains non digérés, fausse évidemment les résultats des pesées. l'animal ainsi alimenté ne perd que très peu de poids pendant plusieurs heures. On ne doit donc pas hésiter, lorsqu'on se trouve en présence de bestiaux présentant les caractères qui viennent d'être décrits, soit à les refuser, soit à leur imposer un jeûne prolongé.

Si, en outre, après l'abat, l'ouverture de l'estomac donnait lieu d'y constater de grandes quantités de grains, le livrancier deviendrait passible de poursuites correctionnelles, sa mauvaise foi se trouvant ainsi péremptoirement établie.

A défaut d'instruments de pesage, le poids des animaux est estimé, soit par l'appréciation au juger d'un idoine sûr, soit par le procédé Quetelet exposé ci-après :

Evaluation du poids brut par le procédé Quetelet.

Ce système est basé sur les considérations suivantes :

La densité de la viande étant sensiblement égale à celle de l'eau, le poids brut des bestiaux est déterminé au moyen de leur volume.

Le corps du bœuf est considéré comme un cylindre ayant pour base un cercle dont la circonférence est égale au contour de la section verticale de la poitrine faite derrière la pointe des coudes, et dont la hauteur est les onze dixièmes de la longueur horizontale de l'animal mesurée de la partie moyenne du bord antérieur de l'épaule à l'aplomb de la pointe de la fesse (c'est pour tenir compte du poids de la tête, de l'encolure et des membres que la longueur a été augmentée d'un dixième).

L'opérateur doit d'abord faire placer l'animal sur un sol uni et horizontal, autant que possible, et tâcher d'obtenir que les quatre membres soient parallèles et d'aplomb, la tête dans la position normale, de façon à ne pas fausser l'étendue des mesures à prendre.

Puis, muni d'un ruban à roulette, il se placera près de l'épaule de la bête, par exemple la gauche, si ce côté est plus à sa convenance ; un autre se placera du côté opposé et en face de l'opérateur. Celui-ci fixera, avec la main gauche, l'extrémité libre du ruban sur le sommet du dos de l'animal en arrière des épaules ; avec la droite, il tiendra l'étui renfermant le ruban qu'il étendra sur le côté gauche de la poitrine.

Arrivée à la face intérieure du sternum, la main de l'opérateur abandonnera à l'aide l'étui et le ruban que ce dernier ramènera et étendra sur tout le côté droit de la poitrine et le joindra à l'autre extrémité arrêtée sur le dos. L'opérateur alors prendra des mains de l'aide l'étui et le ruban qu'il rapprochera de l'extrémité opposée. Dans cet état, le point de jonction indiqué sur le ruban par le pouce et l'indicateur marquera la mesure de la circonférence circulaire du thorax, mesure qui sera par exemple de 1^m,40.

L'opérateur, conservant sa position au côté gauche de l'animal, mesure ensuite la longueur du corps. L'aide assujettit l'extrémité libre du ruban sur la partie moyenne du bord antérieur de l'épaule, tandis que l'opérateur déroule le ruban jusqu'à l'aplomb de la pointe de la fesse. Pour s'assurer que l'on ne dépasse pas cet aplomb, l'opérateur applique à la pointe de la fesse un bâton ou une règle qui se réunira à angle droit avec le ruban maintenu bien horizontal et en ligne droite, en évitant de suivre les courbes que présentent l'épaule, le ventre et la cuisse.

L'espace compris entre les deux points étant, par exemple, de $1^m,30$, l'opérateur consultera la table synoptique n° 1 où il verra $1^m,40$ inscrit dans la colonne qui indique la circonférence et $1^m,30$ dans celle qui désigne la longueur du corps. Il lira ensuite, au point de correspondance de ces deux nombres, en tête de la colonne tracée au-dessous du n° 130, le nombre 223 qui exprime le poids vif en kilogrammes.

Les tableaux suivants indiquant les poids vifs qui correspondent à des dimensions de poitrine et à des longueurs de corps de deux en deux centimètres, on procédera par moyenne lorsque les mesures directes donneront un ou deux nombres impairs.

1er *exemple.* — On a trouvé pour la circonférence 140 centimètres et pour la longueur 131 centimètres :

> Combiner la circonférence de 140 centimètres à
> la longueur de 130 centimètres, ce qui donne... 223 kilogr.
> Combiner la circonférence de 140 centimètres à
> la longueur de 132 centimètres, ce qui donne... 226 —
>
> Total.................... 449 kilogr.

Le poids cherché est la moyenne des deux précédents, c'est-à-dire $449 : 2 = 224$ kilogr. 500.

2e *exemple:* — On a trouvé pour la circonférence 141 centimètres et pour la longueur 131 centimètres :

> Combiner la circonférence de 140 centimètres à
> la longueur de 130 centimètres, ce qui donne... 223 kilogr.
> Combiner la circonférence de 142 centimètres à
> la longueur de 132 centimètres, ce qui donne... 233 —
>
> Total.................... 456 kilogr.

Le poids cherché est la moyenne des deux précédents, soit $456 : 2 = 228$ kilogr.

TABLEAUX SYNOPTIQUES DONNANT LE POIDS BRUT DES BESTIAUX

TABLEAU N° 1. — *Poids brut des bêtes à cornes en kilogrammes.*

LONGUEUR EN CENTIMÈTRES — DEPUIS LA PARTIE ANTÉRIEURE DE L'ÉPAULE JUSQUE DERRIÈRE LA CUISSE.

CIRCONFÉRENCE prise derrière les jambes de devant.	120.	124.	128.	130.	132.	134.	136.	138.	140.	142.	144.	146.	148.	150.	152.	154.
140	206	213	220	223	226	230	233	237	240	244	247	250	254	257	261	264
142	212	219	226	229	233	236	240	244	247	251	254	258	261	263	268	272
144	218	225	232	236	240	243	247	250	254	258	261	265	269	272	276	280
146	224	231	239	242	246	250	254	257	261	265	269	272	276	280	284	287
148	230	238	246	249	253	257	261	265	268	272	276	280	284	288	291	295
150	236	244	252	256	260	264	268	272	276	280	283	287	291	295	299	303
152	243	251	259	263	267	271	275	279	283	287	291	295	299	303	307	311
154	249	257	266	270	274	278	282	285	291	295	299	303	307	311	316	320
156	256	264	273	277	281	285	290	294	298	302	307	311	315	319	324	326
158	262	271	280	284	288	293	297	302	306	310	315	319	323	328	332	337
160	269	278	287	291	296	300	305	309	314	318	323	327	332	336	341	345
162	276	285	294	299	303	308	312	317	322	326	331	335	340	345	349	354
164	282	292	301	306	311	315	320	325	330	334	339	344	348	353	358	362
166	289	299	309	314	318	323	328	332	338	342	347	352	357	362	366	371
168	296	306	316	321	326	331	336	341	346	351	356	361	366	370	375	380
170	304	314	324	329	334	339	344	349	354	359	364	369	374	379	385	390
172	311	321	331	337	342	347	352	357	362	368	373	378	384	388	393	398
174	318	329	339	344	350	355	360	366	371	376	382	387	392	397	403	408

TABLEAU N° 2. — *Poids brut des bêtes à cornes en kilogrammes.*

LONGUEUR EN CENTIMÈTRES — DEPUIS LA PARTIE ANTÉRIEURE DE L'ÉPAULE JUSQUE DERRIÈRE LA CUISSE.

CIRCONFÉRENCE prise derrière les jambes de devant.	140.	142.	144.	146.	148.	150.	152.	154.	156.	158.	160.	162.	164.	166.	168.	170.
176	380	385	390	395	401	407	412	418	423	428	434	439	445	450	455	461
178	388	394	399	405	411	416	422	427	432	438	444	449	455	460	466	471
180	397	403	408	414	420	425	431	437	442	448	453	459	465	471	477	482
182	406	412	417	423	429	435	441	446	452	458	464	470	475	481	487	493
184	415	421	427	433	438	444	450	456	462	468	474	480	486	492	498	504
186	424	430	436	442	448	454	460	466	472	478	484	490	496	503	509	515
188	433	439	445	451	458	464	470	476	483	489	495	501	507	514	520	526
190	442	449	455	462	468	474	480	487	493	499	506	512	518	525	531	537
192	453	458	465	471	477	484	490	497	503	510	516	523	529	535	542	549
194	461	468	474	481	487	494	501	507	514	520	527	534	540	547	553	560
196	471	477	484	491	498	504	511	518	525	531	538	545	551	558	565	572
198	480	487	494	501	508	515	521	528	535	542	549	556	563	570	576	583
200	490	498	504	511	518	525	532	539	546	553	560	567	574	581	588	595
202	500	507	514	521	529	536	543	550	557	564	571	579	586	593	600	607
204	510	517	524	532	539	546	554	561	568	575	583	590	597	605	612	619
206	520	527	535	542	550	557	565	572	579	587	594	602	609	617	624	631
208	530	538	545	553	560	568	576	583	591	598	606	613	621	628	636	644
210	540	548	556	563	571	579	587	594	602	610	618	625	633	641	648	656

TABLEAU Nº 3. — *Poids brut des bêtes à cornes en kilogrammes.*

LONGUEUR EN CENTIMÈTRES — DEPUIS LA PARTIE ANTÉRIEURE DE L'ÉPAULE JUSQUE DERRIÈRE LA CUISSE.

CIRCONFÉRENCE prise derrière les jambes de devant.	152.	154.	156.	158.	160.	162.	164.	166.	168.	170.	172.	174.	176.	178.	180.	184.	188.	192.
212	598	606	614	622	629	637	645	653	661	669	677	685	692	700	708	724	740	755
214	609	617	625	633	641	649	657	665	673	682	691	699	706	714	721	737	754	769
216	621	629	637	645	653	662	670	678	686	695	703	711	719	727	735	751	768	784
218	632	641	649	657	665	674	682	691	698	707	716	724	732	740	749	765	782	799
220	644	652	661	669	678	686	695	703	711	720	729	737	745	753	762	780	797	813
222	656	664	673	681	690	699	707	716	724	733	742	750	758	767	775	794	811	828
224	668	676	685	694	702	712	720	729	737	747	756	764	773	781	790	808	826	843
226	680	688	697	706	715	724	733	742	750	760	770	778	787	795	806	822	840	858
228	692	701	710	719	728	737	746	755	764	773	783	792	804	813	822	837	856	874
230	704	713	722	732	741	750	759	768	777	789	803	812	821	830	840	852	870	889
232	716	725	735	744	754	763	773	782	791	803	813	824	834	844	853	868	887	905
234	728	737	747	757	767	776	786	795	803	816	826	836	846	855	864	882	901	920
236	741	751	760	770	780	790	800	809	819	830	840	850	859	869	878	898	916	936
238	754	763	773	784	793	803	814	823	833	843	853	863	873	883	893	912	932	952
240	766	776	786	797	807	817	827	837	847	857	867	877	887	897	907	928	948	968

Évaluation contradictoire du poids brut des animaux.

En cas d'impossibilité d'appliquer les procédés indiqués aux paragraphes A et B, ou en cas d'urgence, le poids brut des animaux est constaté contradictoirement par le livrancier et le destinataire.

SECTION III

TRAVAUX DE BOUCHERIE EN MARCHE

§ 1er. — *Dispositions particulières.*

Les indications qui vont suivre, relativement aux travaux de boucherie, s'appliquent principalement aux services sédentaires et dans les cantonnements où l'on rencontre des abattoirs installés. A défaut, ou si l'on est au bivouac, l'abattoir est établi sous le vent et à une assez grande distance des troupes pour leur éviter la mauvaise odeur. On a soin, dans le même but, d'enfouir profondément le sang et les basses issues lorsqu'il n'est pas possible d'en tirer parti.

On abat de préférence les animaux qui, pour une cause quelconque, sont devenus incapables de supporter de nouvelles fatigues, et ceux dont le rendement en viande peut se rapprocher le plus de la quantité que l'on doit distribuer.

Les animaux étant abattus, à défaut de treuil et d'étal pour le dépouillement et le dépècement, les ouvriers opèrent sur les cuirs mêmes, en ayant soin de ne pas les détériorer.

§ 2. — *Abat.*

Les bestiaux ne sont abattus, autant que possible, qu'après un jeûne et un repos de six heures au moins après la marche.

Bœufs et vaches. — L'animal destiné à être abattu est conduit à l'abattoir par un ouvrier boucher qui le tient par une corde appelée chable ou câble, attachée aux cornes à l'une de ses extrémités ; un second ouvrier, armé d'un bâton, frappe l'animal, s'il en est besoin, sur les pieds de derrière pour le forcer à avancer. Arrivé à l'abattoir, le bout de la corde tenu en main par le conducteur est passé dans l'anneau d'abatage fixé au sol et les deux bouchers, tirant sur cette corde, amènent la tête de l'animal près de l'anneau, aussi près que possible de terre.

Les moyens à employer pour l'abatage sont, dans l'ordre de préférence, l'appareil Bruneau, le merlin anglais, la masse.

L'appareil Bruneau, qui entre dans la composition de la série régimentaire d'outils de boucher, consiste en un masque de cuir que l'on applique sur les yeux de l'animal et que l'on fixe au moyen de courroies passant derrière les cornes et sous la gorge. Ce masque porte une plaque trouée sur la partie correspondant au milieu du front ; dans le trou de la plaque, le boucher introduit un boulon évidé à la partie inférieure sur une profondeur de 5 centimètres 1/2. Pour abattre l'animal, le boucher frappe avec un maillet en bois sur la tête du boulon qui pénètre dans la cervelle de 5 à 6 centimètres, en y chassant brusquement l'air qu'il contenait dans sa cavité inférieure et qui se dilate dans l'axe de la moelle épinière. L'animal tombe aussitôt littéralement foudroyé et ne fait plus aucun mouvement. Le boulon est retiré et on introduit dans le trou une baguette en jonc qui parcourt la moelle épinière et arrête tout mouvement ou frémissement ultérieur des membres de l'animal.

L'appareil Bruneau doit être entretenu avec beaucoup de soin et de propreté.

A défaut de cet appareil, l'abatage se fait au moyen de la masse, de la manière suivante : arrivé à l'abattoir, l'animal est fixé à l'anneau d'abatage au moyen du chable, doublement entrelacé dans ses cornes. L'un des bouchers frappe alors de toutes ses forces, entre les cornes, avec une masse en fer, et, bien que l'animal ne tarde pas à tomber, il continue à frapper jusqu'à ce qu'il reconnaisse qu'on peut en approcher sans danger pour opérer la saignée.

Veaux. — Les veaux peuvent être assommés de la même manière que les bœufs ; généralement, ils sont égorgés. Lorsque le veau est arrivé à l'abattoir, on lui attache les pieds de derrière avec la corde du treuil, puis il est enlevé la tête en bas. On peut aussi l'étendre horizontalement sur un étau (1), les quatre pieds réunis et fortement attachés par une corde, la tête seule restant libre. On lui ouvre le cou par une large entaille qui fait jaillir le sang.

Mouton. — Le mouton est déposé sur le chevalet par un ouvrier boucher qui lui croise les pieds de derrière et les maintient fortement de manière à l'empêcher de se mouvoir ; un second ouvrier appuie le genou droit sur l'animal, lui saisit la tête de la main gauche, lui tend le cou et lui ouvre largement la gorge ; il lui coupe la moelle épinière avec le doigt ; il peut aussi, dans le même but, introduire son fusil dans le canal rachidien pour empêcher les mouvements désordonnés et accélérer la mort.

Porcs. — Le procédé usuel consiste dans l'assommage qui s'effectue avec un merlin anglais ou un maillet à long manche que le tueur manie des deux mains et dont il assène fortement plusieurs coups soit sur le front, soit obliquement au-dessus de l'oreille pour provoquer l'étourdissement et la chute de l'animal.

La saignée est immédiatement pratiquée en plongeant dans la gorge un couteau long et pointu. Le sang est recueilli dans un vase où on le remue à la main pour éviter qu'il ne se coagule.

§ 3. — *Habillage.*

On appelle habillage, en termes de boucherie, l'ensemble des

---

(1) Étau de boucherie.

travaux ayant pour but de dépouiller les animaux et de parer la viande immédiatement après l'abat.

Travail des bœufs et vaches. — Dès que l'animal est abattu, on opère la saignée. A cet effet, l'ouvrier se place derrière le cou, appuie un genou sur la tête, coupe le cuir auprès du larynx par une incision légèrement cruciale et enfonce son couteau de manière à ouvrir l'artère aorte.

Pendant ce temps, l'autre boucher, tenant à la main l'extrémité d'une corde qu'il a passée à l'un des pieds de devant, imprime à ce membre des mouvements réguliers de va-et-vient en même temps qu'il foule les flancs de l'animal avec son pied pour faire jaillir le sang avec abondance.

La saignée terminée, on sépare les cornes avec une hache et on enlève la langue, puis on place l'animal sur le dos, la tête renversée sur le côté droit, et on le maintient en équilibre au moyen d'une cale sous le côté gauche.

On coupe les pieds et on incise la peau jusqu'au jarret en mettant à nu les tendons des pieds.

Le soufflage n'est pratiqué que tout à fait exceptionnellement, lorsqu'on a affaire à des animaux étiques dont le cuir adhère aux tissus ; cette opération, qui n'a alors d'autre but que de faciliter le dépouillement, ne peut en aucun cas être étendue aux quartiers de viande abattue, pour leur donner l'aspect trompeur de viandes épaisses et bien conditionnées.

Le dépouillement doit être fait avec assez de soin pour que le cuir, dont la valeur dépend en grande partie de son intégrité, ne soit pas endommagé. Lorsqu'on arrive au milieu du dos, on fend la poitrine et les quasis ou entre-deux des cuisses ; un tinet est placé entre les jarrets de derrière et l'animal est enlevé, la tête en bas, à l'aide du câble et suspendu aux pentes ; on le débarrasse du cuir, qui ne tient plus au corps que par une seule partie ; on enlève le suif appelé toile ou toilette qui enveloppe les intestins et on vide l'animal en retirant les intestins, les estomacs, les organes respiratoires, le cœur, etc. On sépare enfin les épaules et l'on fend l'animal en coupant la colonne vertébrale sur toute la longueur, la queue restant attachée au côté droit. On obtient ainsi quatre quartiers : deux épaules et deux demi-bœuf.

L'abattoir est alors nettoyé à grande eau

Travail des veaux. — Le travail des veaux est le même que celui des bœufs, mais il demande beaucoup plus de soins, tant en raison de la délicatesse de la chair que de la finesse de la peau. Aussitôt après l'abatage, les veaux sont saignés et soufflés comme les bœufs ; puis on les dépouille avec précaution. Dans la boucherie civile, on les blanchit, c'est-à-dire que l'on pratique, sur les côtés, à la surface du corps, en enlevant la peau, une série de raies, avec un couteau. Ils sont ensuite suspendus pour être vidés.

Travail des moutons. — Lorsque le mouton a été égorgé, on arrête les mouvements des membres par la section de la moelle ; puis on coupe les pieds. Les animaux sont alors soufflés et dépouillés ou poussés, le boucher poussant la peau avec le bras nu. Lorsque la peau est enlevée jusqu'à la région lombaire, l'animal est placé à la cheville ; on achève de le dépouiller, on le vide et on le pare.

Travail des porcs. — Le porc saigné, on procède au nettoiement de la peau par le grillage, opération qui consiste à rôtir l'animal en le couchant sur un épais lit de paille auquel on met le feu. Les deux côtés sont grillés l'un après l'autre. L'opération terminée, on balaye le corps pour enlever les matières carbonisées. Si des parties ont échappé à l'action du feu, on les grille avec une poignée de paille enflammée ; puis on racle la peau.

A moins qu'il ne doive être consommé à l'état frais, on n'écorche habituellement pas le porc, l'enlèvement de la peau nuisant beaucoup à la conservation du lard. Lorsque la peau a été débarrassée de ses poils et bien nettoyée, on ouvre le porc pour le vider, en fendant le ventre depuis le cou jusqu'à la queue, et on enlève les organes intérieurs, poumons, cœur, intestins, etc., on essuie ensuite l'intérieur du corps.

La tête est détachée par une incision circulaire pratiquée au niveau de la première vertèbre ; le corps est ensuite partagé en deux parties, en coupant le plus également possible par le milieu la colonne vertébrale.

§ 4. — *Dépècement.*

Le bœuf (ou la vache) préparé comme il a été dit, c'est-à-dire séparé en quatre quartiers, est porté à l'étal pour y être dépecé.

Dans la boucherie civile, on extrait les filets du bœuf ainsi que les rognons et les cervelles, et l'on découpe l'animal en un certain nombre de morceaux de qualité et de valeur différentes suivant la partie d'où ils sont tirés.

L'épaule fournit le paleron, le collier et la joue.

Le paleron est la partie de l'épaule à laquelle adhère la palette. Il se subdivise en plusieurs parties qui portent les noms de : crosse de gîte de devant, jambe, charolaise (partie située au-dessus de la jambe), botte à moelle, jumeaux (morceau coupé en deux parties symétriques, situé en avant de l'épine de l'omoplate), la macreuse (région de l'épaule et du bras en arrière des jumeaux), la pointe du paleron (formée par le reste du membre antérieur), le talon du collier.

Le collier est compris entre le bord antérieur de l'épaule et l'occipital. La partie intérieure qui se trouve sous le collier porte le nom de surlonge sous le collier.

La joue a pour base le maxillaire inférieur, la région orbitaire et une partie de la région crânienne.

Le demi-bœuf de droite porte la queue et se nomme côté de la queue.

Le demi-bœuf de gauche porte l'onglet (piliers du diaphragme), muscle qui sépare le thorax de l'abdomen.

L'onglet piliers du diaphragme.

Le pis de bœuf, subdivisé en : gros bout de poitrine, milieu de poitrine, tendron, paillasse ou pointe de flanchet.

Les côtes subdivisées en : plat de côtes couvert, plat de côtes découvert.

La bavette d'aloyau fait suite, en arrière, au plat de côtes couvert ; elle est prise sur les parois latérales du flanc et contient un fragment des deux dernières côtes.

L'aloyau, partie située entre les côtes couvertes de la culotte, comprend : le filet qui est placé du côté intérieur, en longueur de la culotte au train de côtes et se subdivise en queue, milieu de filet et tête de filet ; le faux-filet, le roomsteack.

La culotte sur le côté extérieur de l'échine entre l'aloyau et la naissance de la queue.

La tende de tranche ou quasi, morceau placé sous le gîte à la noix, subdivisé en pointe, milieu de tende et fausse pointe.

La tranche grasse, partie de la cuisse ayant l'os à moelle dans sa longueur.

Le gîte à la noix, première partie de la cuisse du côté extérieur, au-dessous de la pointe de culotte ; il se subdivise en : tranche au petit os, milieu du gîte à la noix et derrière du gîte à la noix.

Les veaux d'un poids supérieur à 80 kilos sont coupés comme les bœufs. Au-dessous de ce poids, le demi-veau fournit les morceaux suivants : le collet, — l'épaule, membre antérieur séparé du thorax, — la crosse, ou articulation du jarret, — le carré, partie qui comprend l'ensemble des côtes et se subdivise en : basses côtes, carré découvert formé par les côtes placées sous l'épaule et carré couvert formé par les dernières côtes, — la poitrine, divisée en deux parties, le gros bout et les petits tendrons, — la longe, qui correspond presque à l'aloyau chez le bœuf et à l'intérieur de laquelle se trouve le rognon, — le cuissot, partie postérieure qui se coupe en tranches obliques nommées, d'une manière générale, rouelles, et comprenant : la crosse ou articulation du jarret, le talon de rouelle, le milieu de rouelle, l'os barré et l'entre-deux de quasi.

Les meilleures parties du veau sont le quasi, la noix, le **rognon** ; viennent ensuite les côtes, le carré et les épaules.

La coupe du mouton fournit les morceaux suivants : le collet, l'épaule, la poitrine, les gigots, le carré qui se divise en selle, filet et carré de côtelettes ; ce dernier morceau se subdivise lui-même en carré découvert placé sous l'épaule et en **carré couvert**.

Dans le mouton, les morceaux principaux sont les gigots, puis viennent les côtelettes, la poitrine, le collet et les épaules.

La coupe du porc fournit les parties suivantes : les jambons, constitués par les fesses et les cuisses ; le rein, subdivisé en culotte, filet, carré couvert et échine, partie des côtes comprises sous l'épaule. Le lard gras est la bande de lard qui recouvre les reins et qui est, le plus souvent, mise au saloir ; la panne est la graisse intérieure des rognons et du flanc. Les autres parties du porc sont : le collet, la tête, les jambonneaux de devant et de derrière, parties intérieures des jambes, la poitrine, les pieds.

§ 5. — Personnel nécessaire.

Les opérations de l'abat, de l'habillage et du dépècement des animaux demandent, normalement, une équipe de cinq hommes qui sont employés de la manière suivante, sous la direction d'un gradé :

Un boucher sacrificateur frappe l'animal, pratique la saignée, coupe les pieds, conduit le dépouillement et l'habillage ;

Deux bouchers tiennent l'animal pendant l'abat, procèdent au foulage, au dépouillement, au pliage des peaux et à l'habillage ;

Un boucher reçoit les organes intérieurs et s'occupe plus spécialement de la dégraisse ;

Un ouvrier aide aux travaux précédents ; il est chargé, en outre, du nettoyage de l'abattoir.

Si la viande doit être découpée, le découpage est effectué par des bouchers étaliers dont le nombre varie suivant l'importance du service.

§ 6. — *Coupe des animaux de boucherie.*

Dans la boucherie militaire, la coupe des animaux de boucherie s'effectue de la manière suivante :

Bœuf. — Le bœuf est coupé en deux moitiés en fendant la colonne vertébrale dans toute sa longueur. Chaque moitié est divisée en quartiers, la division étant faite entre la onzième et la douzième côte, les deux fausses côtes avec le quartier de derrière.

Pour diviser le quartier de devant, on lève d'abord l'épaule, que l'on divise en deux parties : 1° la palette ; 2° la jambe, dont on coupe la crosse au-dessus du milieu de l'articulation du genou.

La poitrine est ensuite séparée du train de côtes, au moyen de la scie et découpée en deux morceaux ; le train de côtes est découpé en trois morceaux dans le sens des côtes, le cou n'en étant pas séparé et faisant partie du troisième morceau. Pour les grosses bêtes, on donne un coup de hache sur les côtes du train afin d'en faciliter l'emploi par le cuisinier.

Pour découper le quartier de derrière, on enlève la bavette d'aloyau en l'avantageant sur la cuisse ; puis on sépare l'aloyau de la cuisse en sciant l'os de la hanche dans son milieu ; on fait deux morceaux de l'aloyau en le coupant dans le sens des côtes ; on coupe la jambe au-dessus de la jointure qui la relie à la cuisse ; on détache la tranche grasse en l'avantageant sur le gîte à la noix et sur la tranche ordinaire ; enfin, on sépare la tranche du gîte à la noix et on coupe la crosse à environ 10 centimètres au-dessus du milieu de l'articulation du jarret. La cuisse fait ainsi trois morceaux.

Veau. — Le veau se coupe en deux moitiés, chaque moitié séparée en deux quartiers. Dans les attributions, on répartit les morceaux de choix en distribuant, par exemple, le cuissot avec la poitrine et le collet, l'épaule avec le rognon.

Mouton. — Le mouton se coupe en deux moitiés et chaque moitié en deux quartiers.

Porc. — Le porc est fendu en deux moitiés et chaque moitié est séparée en deux quartiers entre la onzième et la douzième côte. Le quartier de devant est coupé en deux dans le sens de la longueur en séparant les côtes et l'épaule sur le milieu. Chaque morceau ainsi obtenu est divisé en trois morceaux égaux. Le quartier de derrière est coupé en deux en séparant par le milieu le flanchet et la rouelle et chaque morceau ainsi obtenu est séparé en deux en sciant l'os de la hanche dans son milieu.

§ 7. — *Cinquième quartier.*

En outre des quatre quartiers obtenus comme il a été indiqué ci-dessus, les animaux sacrifiés fournissent encore des organes, de nature diverse, dont les uns (abats) sont comestibles, et dont les autres (issues), impropres à l'alimentation, ne sont utilisés que par l'industrie.

L'ensemble des abats et issues prend habituellement le nom de cinquième quartier, quelquefois, cependant, cette expression, cinquième quartier, est appliquée aux abats seuls.

Les abats comprennent des parties immédiatement comestibles, savoir : la tête (pour le veau et le porc), la cervelle, la langue, le cœur, le foie et les poumons, les reins, les ris, la rate, et des parties qui ne sont comestibles qu'après certaines préparations, savoir : la fraise, les estomacs, la fressure, les mamelles, les pieds (veau, mouton, porc), le suif et la graisse.

Les issues comprennent : la peau, la tête, les cornes, le sang, les pieds, la vessie et les intestins.

SECTION IV

RENDEMENT

Le rendement alimentaire total d'un animal de boucherie est la proportion du poids des parties comestibles fournies par les cinq quartiers, comparée au poids vif.

En langage commercial, l'expression rendement est plus limitée ; elle s'applique à la proportion de viande nette, comparée au poids vif, en entendant, par viande nette, la totalité de la viande fournie par les quatre quartiers, lorsque, l'animal ayant été dépouillé et habillé, on en a retiré et mis à part les abats et les issues (5° quartier).

Ainsi, un bœuf de 600 kilos, dont le poids des quatre quartiers (viande de boucherie proprement dite) serait de 338 kilos, donnerait un rendement de $338 \times 100 : 600 = 56,3$ p. 100.

Le rendement en viande nette des animaux de boucherie est très variable et n'a pas, du reste, de rapport direct avec la bonne qualité de la viande ; il dépend de la race, de l'âge, du sexe, du genre de nourriture et du degré d'engraissement.

Pour les animaux de bonne qualité, le rendement est évalué en moyenne :

Pour les bœufs, de 50 à 60 p. 100 ;

Pour les vaches, de 45 à 55 p. 100 ;

Pour les veaux, de 55 à 60 p. 100 ;

Pour les moutons, de 45 à 47 p. 100 ;

Pour les porcs, de 75 à 78 p. 100.

La proportion de chacun des produits fournis par un animal de boucherie est tellement variable qu'il n'est pas possible de formuler de règles pour la déterminer.

On estime que de bons bœufs d'un poids compris entre 300 et 600 kilos fournissent approximativement :

4 quartiers.	2 épaules..........	de 50kg à 70kg		de 165kg à 330kg.		
	2 demi-bœuf..........	de 115kg à 260kg				
5 quartiers (abats).	Abats comestibles immédiatement..........	de 14kg à 23kg		de 47kg à 25kg.		
	Abats comestibles après préparation	suif et graisse de 14kg à 25kg.				
		divers.......... de 19kg à 25kg.				

À reporter..........	212	403kg.	212kg.	403kg

		Report........	212ᵏᵍ.	403ᵏᵍ.	212ᵏᵍ.	403ᵏᵍ.
Issues.	Cuirs.....................	de 18ᵏᵍ à 42ᵏᵍ.			de 88ᵏᵍ à 197ᵏᵍ.	
	Diverses et déchets.......	de 70ᵏᵍ à 155ᵏᵍ.				
		Totaux........	300ᵏᵍ.	600ᵏᵍ.	300ᵏᵍ	600ᵏᵍ.

Mais ces chiffres n'ont rien d'absolu, le suif et la graisse notamment peuvent varier dans des proportions beaucoup plus considérables que celles qui sont indiquées, selon le sexe, l'âge, le degré d'engraissement, etc. Le rendement du cinquième quartier, suif déduit, forme environ le 1/6 du poids total de la viande abattue et varie généralement moins que celui des autres parties.

Un bon mouton de 50 kilogrammes fournit en moyenne :

Viande nette............	24ᵏ,00	
Cuir...................	5ᵏ,00	50 kilogr.
Pieds et tête...........	3ᵏ,50	
Abats et déchets........	17ᵏ,50	

Un porc du Limousin, engraissé, du poids de 161 kilos a fourni les parties suivantes :

Poids vif...............	161ᵏ,000	
Sang..................	4ᵏ,500	
Foie, poumons et cœur....	4ᵏ,000	
Tête et langue..........	7ᵏ,000	
Graisse des boyaux.......	4ᵏ,900	161 kilogr.
Panne et lard...........	60ᵏ,250	
Intestins et estomac......	5ᵏ,500	
Reste du corps..........	62ᵏ,700	
Perte.................	13ᵏ,050	

SECTION V

DISTRIBUTIONS.

La viande est distribuée, suivant les saisons et les climats, douze heures au moins et vingt-quatre heures au plus après l'abat des animaux, lorsqu'elle est refroidie et que le sang est complètement égoutté. Les morceaux doivent être coupés nettement.

Ne font pas partie des distributions : la tête, à l'exception, pour le bœuf et la vache, des bajoues (limitées en bas, par la commissure des lèvres, et, en haut, par la paupière inférieure de l'œil, et entièrement désossées) ; la fressure (comprenant les viscères et les organes internes) ; les mamelles (pour la vache et la brebis) ; les suifs formant des masses ou pelotes dans l'intérieur de l'animal (mais non les graisses adhérentes à la viande et étendues par couches à la surface) ; les jambes (coupées à 10 centimètres environ au-dessus du milieu des articulations du genou et du jarret, pour le bœuf et la vache, et à 5 centimètres du même point pour le mouton) ; la peau, les cornes, la queue et toutes les autres parties impropres à une bonne alimentation.

Dans les distributions, la répartition des morceaux doit toujours être faite de manière que les meilleurs comme les moins bons soient donnés impartialement et tour à tour aux diverses parties prenantes.

La viande fraîche s'altère promptement sous l'influence de la chaleur et de l'humidité ; sa conservation exige, par conséquent, qu'elle soit placée dans un endroit aussi frais et aussi sec que possible.

Les animaux étant abattus au fur et à mesure des besoins, il ne doit y avoir, d'une distribution à l'autre, qu'un faible restant de viande dont la conservation est toujours facile.

Lorsque, par suite d'un départ précipité de la troupe, il est nécessaire de faire la distribution moins de 12 heures après l'abat, on doit forcer le poids de 3 p. 100, afin de tenir compte du déchet occasionné par le refroidissement de la viande. On doit, en outre, forcer le poids dans tous les cas, mais de 0.6 p. 100 seulement, lorsque la livraison de la viande se fait par quartier, afin de tenir compte du déchet résultant du dépècement (1).

SECTION VI

DE LA VIANDE DE CHEVAL.

I. — Choix des animaux.

Les qualités alimentaires de la viande de cheval varient selon la race, l'âge, l'état de santé et le sexe de l'animal.

Les juments et les animaux castrés ont une proportion de chair et de graisse plus avantageuse que les chevaux entiers ; les animaux nourris d'avoine donnent un meilleur rendement que ceux soumis au régime du vert ; la viande des animaux de race fine est plus délicate que celle des autres.

La consommation de viande de cheval étant une mesure de nécessité imposée par les circonstances de guerre ou les diffi-

---

(1) Alinéa rectifié le 28 novembre 1916 (B. O., p. 1255).

cultés de ravitaillement pendant un siège, on n'aura pas à se prononcer sur le choix des animaux, mais on n'utilisera que les bêtes capables de fournir une viande parfaitement saine.

Il conviendra qu'un vétérinaire soit appelé à se prononcer sur la qualité de la viande de cheval provenant d'animaux usés par la vieillesse et les privations, ainsi que celle provenant d'animaux morts de blessures ou d'accidents.

Tout cheval présentant des tubercules dans les poumons, de quelque nature qu'ils soient, devra être écarté de la consommation ; il en sera de même de ceux atteints de mélanose généralisée et d'engorgements lymphatiques, qu'ils appartiennent à la lymphangyte épizootique ou au farcin.

II. — Abat, dépouillement et dépècement.

Les moyens employés pour le sacrifice des chevaux sont l'appareil Bruneau et la masse. L'abat avec l'appareil Bruneau se fait comme il a été indiqué pour les bœufs. Lorsqu'on se sert de la masse, l'animal est tenu solidement à la main et on lui bande les yeux avec une étoffe quelconque.

Le boucher lui assène alors sur la région frontale un violent coup de masse qui l'abat. On pratique ensuite, avec un couteau, une large saignée au poitrail et on suspend l'animal pendant quelques instants par une jambe de derrière, la tête en bas, pour faciliter l'écoulement du sang.

L'animal est dépouillé, habillé et coupé exactement comme le bœuf.

III. — Rendement.

Le rendement des chevaux en viande de boucherie est sensiblement le même que celui des animaux de la race bovine. En moyenne, un cheval d'un embonpoint peu élevé, pesant environ 420 kilogrammes, doit fournir :

Viande nette des quatre quartiers............	40 à 49 p. 100.
Abats et issues..................................	40 à 48 —
Pertes et déchets...............................	20 à 30 —

SECTION VII

EXAMEN ET CARACTÈRES DISTINCTIFS DES VIANDES.

---

§ 1. — *Caractères généraux de la viande abattue.*

Si l'animal a été sacrifié en état de *bonne santé*, après un temps de repos suffisant, et si la saignée a été complète, les organes et la viande se présentent sans hémorragie, ni arborisations vasculaires, ni infiltrations de sérosité (1).

La chair pantelante conserve sa contractilité pendant un temps variable, allant jusqu'à plusieurs heures. Par le refroidissement, le muscle se raffermit, perd de son humidité naturelle et donne au toucher une sensation spéciale.

Les muscles superficiels acquièrent un ton rouge vif d'autant moins accentué que les animaux sont plus jeunes (2).

Les régions musculaires sont exsangues ; les divers plans qui les constituent sont exempts de sérosité ; les ganglions qu'elles peuvent renfermer sont fermes, noyés dans la graisse et ne présentent sur la coupe aucune hémorragie, ni néoformation nodulaire.

Le muscle récemment incisé présente, chez les bovidés, une couleur rouge violacée qui, par contact à l'air et oxydation de la matière colorante du sang, passe très vite au rouge vif.

Le muscle non raffermi ne laisse sourdre aucune sérosité sur la coupe. Broyée encore chaude, la chair est capable d'absorber de grandes quantités d'eau. La viande *« rassise »* depuis quelques jours laisse écouler, sur la coupe, un suc musculaire abondant (« jus ») d'un rouge vif.

Lorsque le bétail a été engraissé à l'aide d'aliments très aqueux et quelque peu irritants tels que les drêches et les pulpes altérées (bœufs « sucriers »), la quantité de sérosité qui s'écoule des muscles peut être véritablement considérable. La viande est un peu dépréciée.

L'engraissement à l'aide d'un mélange de drêches de distillerie de grains et de détritus de cuisine des casernes et hôpitaux, produit une viande riche en gras de couverture et d'une teinte jaune spéciale.

La graisse doit être ferme et *onctueuse* au toucher. Elle est toujours blanche, un peu rosée, ou plus ou moins jaunâtre sui-

---

(1) Il faut se garder de confondre certaines teintures de la muqueuse digestive dues à l'alimentation (coloration rouge violacée due à la digestion du choux rouge chez les porcs) et qui disparaissent après quelques heures de séjour dans l'eau, avec les congestions anormales indices de troubles digestifs graves.

(2) Les muscles superficiels des bovidés maigres et vieux présentent souvent une teinte spéciale d'un rouge vif intense.

vant les races et les modes d'engraissement (1). Les caractères de la graisse sont faciles à apprécier lorsque l'examen porte sur les amas rencontrés dans le bassin ou sur la « fente » (2).

Les os de la colonne vertébrale doivent présenter sur la section une coloration rouge vif rosée. Lorsque la fente a été pratiquée par des mains inexpérimentées, la section peut être irrégulière avec de nombreuses esquilles; en outre, des taches de sang peuvent être rencontrées sur la coupe du rachis.

Les os longs ont une moelle blanche et ferme ; le doigt ne peut arriver à pénétrer dans le canal médullaire lorsque la moelle est complètement figée.

Les extrémités des os longs (partie épiphysaire) adhèrent intimement à la partie centrale (diaphyse), chez les animaux adultes. Par contre, lorsque l'animal n'a pas achevé sa croissance, les diverses régions d'un même os sont mal soudées. Les os sont moins blancs sur la coupe.

Les vaisseaux doivent être absolument vides de sang : la pression exercée sur le trajet des veines en ramenant les doigts qui compriment le vaisseau vers la section plus ou moins béante ne fait sourdre ni sang incoagulé, ni caillot constitué.

Le tissu cellulaire qui avoisine les vaisseaux et les ganglions et sépare les divers groupes musculaires, examiné principalement au niveau de l'aine et sous l'épaule, est blanc, sans hémorragie, ni infiltration de sérosité.

Les membranes séreuses qui tapissent la cavité abdominale et la cavité pectorale, les surfaces des articulations et les parois du cœur sont lisses, brillantes, transparentes. On n'y rencontre ni hémorragie, ni injection généralisée, ni adhérence (trace de lésions anciennes ou récentes).

Les ganglions lymphatiques doivent présenter un volume normal, une teinte grisâtre à l'intérieur. Au toucher, la surface de la coupe doit être lisse et régulière : le suc ganglionnaire qui s'en échappe est peu abondant, à peine visible.

Les organes internes ont des physionomies, des formes et des volumes qu'il importe de bien connaître.

---

(1) Chez le mouton, la graisse intérieure doit être blanche et cassante. Les muscles ne sont jamais infiltrés de graisse : en général, il n'existe ni marbré ni persillé.

(2) La « fente » n'est autre que la coupe médiane du rachis pratiquée dans le sens de la longueur. Elle est faite, soit au couperet, soit à la scie.

Le foie des bovidés a une teinte rougeâtre ; le sang qui s'écoule des veines au moment de l'éviscération est rouge.

La surface du foie est lisse ; sur la coupe on n'observe aucune lésion constituée, ni dépôt hémorragique.

La rate ne doit avoir aucune bosselure, ni hypertrophie. Sur la coupe on ne doit voir aucune néoformation.

Les reins ou rognons, débarrassés de leur suif afin d'être facilement explorés, se présentent avec leur lobulation caractéristique. Leur surface est lisse. Sur la coupe, on ne doit voir aucune lésion constituée, ni aucune congestion (1).

§ 2. — *Qualités, catégories.*

Suivant le degré et le mode d'engraissement, l'âge, la race, la conformation générale, on distingue diverses qualités chez les animaux de boucherie et de charcuterie.

La division en 1re, 2e et 3e qualités est quelque peu arbitraire. S'il est difficile d'établir des lignes de démarcation bien nettes, il est néanmoins possible d'indiquer ce que peuvent être ces qualités envisagées au point de vue de leurs caractéristiques d'ensemble.

Les bovidés de *première qualité* ont la graisse de couverture épaisse et ferme répartie sur les régions du dos, des reins, de la croupe ; la graisse est abondante sur la fente, au niveau des espaces interépineux.

La graisse interne forme des amas considérables autour des reins. Il en est de même dans le bassin.

Les points d'attache du diaphragme sont couverts de masses adipeuses formant dentelures.

Dans le thorax, à la surface des côtes, on trouve des amas en grappes (« grappé » de poitrine).

Les muscles sont infiltrés de dépôts de graisse sous forme de veinures du « marbré » ou de fines arabesques du « persillé ».

Le grain de viande (2) est fin ; la chair est rouge vif et claire

---

(1) Les viscères détachés doivent être placés à proximité de l'animal abattu, dans un ordre déterminé ; ils sont marqués chaque fois que cela est possible. On marque facilement, à la pointe du couteau, les foies, les « ratis » (mésentères chargés de graisse)...

(2) Le « grain » de viande est apprécié en passant la pulpe du doigt sur

sur la coupe. Elle est riche en sérosité lorsqu'on l'examine après un certain temps de maturation.

« Des « sortes » (1) de viande peuvent être établies pour traduire certains degrés d'engraissement, chez les animaux de 1re qualité.

Les bovidés de *seconde qualité* ont moins de graisse extérieure et de suif. La graisse de couverture se dépose sur les côtes, le dos et les reins. Elle a peu d'épaisseur et présente des interruptions. Le rognon est entièrement couvert.

Le grain de viande est moins fin, parfois un peu rugueux.

La fibre musculaire apparaît parfois un peu pâle et comme sèche.

L'infiltration adipeuse des muscles est moins accusée.

Dans la *troisième qualité* sont compris les bovidés dépourvus de graisse de couverture, sans « persillé » ni « marbré », avec un peu de suif au bassin et le long de la colonne vertébrale.

La valeur alibile et gustative des divers morceaux chez un bœuf de qualité varie avec la région envisagée. On distingue généralement trois catégories de morceaux.

On range en *première catégorie* la viande du quartier de derrière (régions fessières et lombaires) et du dos : culotte, rumsteck, tranche grasse, tende de tranche, gîte à la noix, filet, faux filet et train de côtes. Ces régions musculaires sont épaisses, donnent beaucoup de suc (« jus »), ont peu de parties tendineuses, sont facilement infiltrées de graisse, notamment pour le faux filet et le train des côtes.

Ces régions sont utilisées pour préparer les rôtis, le pot-au-feu et les pièces braisées (culotte, gîte à la noix, partie de tende de tranche).

On fait entrer dans la *deuxième catégorie* une partie des quartiers de devant : paleron, plat de côtes, talon de collier, bavette d'aloyau. Ces régions servent au pot-au-feu.

Enfin, la *troisième catégorie* comprend les extrémités : tête,

---

la coupe transversale des muscles. Il est « *fin* », lorsque l'engraissement est tel que l'on perçoit une sensation douce et comme veloutée. Le boucher dit de la viande qu'elle « se coupe bien ».

(1) Les bouchers distinguent trois « sortes » (1re, 2e, 3e) de viande pour indiquer trois variétés dans chaque qualité.

collier (1), surlonge, gîtes (devant et derrière), hampe et onglet (diaphragme et ses piliers), « pis de bœuf », poitrine.

La surlonge peut, à la rigueur, être admise dans la catégorie précédente. Elle constitue un morceau supérieur aux autres morceaux de 3ᵉ catégorie.

Les morceaux de cette dernière catégorie constituent d'excellents aliments, d'un rendement satisfaisant, à la condition qu'ils proviennent de bœufs de bonne qualité (« bonne seconde ») et d'un poids avoisinant 400 kilogr. (« viande nette »). Il en est tout autrement lorsque les fournisseurs s'adressent à des bovidés pesant moins de 350 kilogr. (viande nette), plus ou moins maigres. Dans ces conditions, le collier devient tout à fait désavantageux ; le pis de bœuf reste surtout riche en os et en tissus inassimilables.

L'idéal serait que l'on pût donner en pot-au-feu les morceaux de troisième catégorie et aussi quelques régions (riches en muscles) de la seconde catégorie, le tout provenant de sujets gras et non « fin-gras ».

Examen de l'animal abattu (coupe des viandes) (2).

Caractères différentiels des viandes de bœuf, de taureau ou de vache.

Caractères différentiels des viandes de cheval et de bœuf.

Caractères différentiels des viandes de porc et de veau.

Caractères différentiels des viandes de chèvre et de mouton.

Les viandes insalubres.

Les viandes défectueuses.

§ 3. — *Les fraudes.*

Les fraudes auxquelles les fournisseurs peuvent avoir recours sont très nombreuses. Les principales sont données ci-après :

---

(1) Dans les bœufs de première qualité on peut tailler des beefsteaks (1ʳᵉ catégorie) jusque dans certains muscles du collier, placés au voisinage de la surlonge.

(2) Voir instruction ministérielle du 16 mai 1908 (*B. O.*, F. R., p. 702 et vol. n° 7, É. M., p. 43. — Ordinaires).

Sur l'*animal vivant*, on peut relever des traces de manœuvres frauduleuses pratiquées en vue de tromper sur l'âge des animaux. L'une des plus fréquentes consiste à supprimer les *sillons circulaires* dessinés sur la base des cornes des bovidés. Le boucher a intérêt à agir de la sorte lorsque les animaux sont vieux et que la dent ne donne plus d'indications bien précises sur l'âge. La corne ainsi truquée présente un aspect spécial. Elle a perdu son brillant naturel.

Lorsque certains bouchers achètent en foire des animaux dont l'état de santé laisse à désirer et leur inspire quelque inquiétude, ils tracent, parfois, aux ciseaux, une marque dite « de chasse » (convention indépendante des marques marchandes ordinaires) qui indique au personnel de l'abattoir la nécessité de procéder au *sacrifice d'urgence* (1).

Parfois, les fournisseurs de l'armée réalisent intentionnellement une saignée incomplète de manière à augmenter le poids de la viande. Ils abattent plusieurs animaux en série et ne font la saignée qu'après le dernier abatage.

Le personnel préposé à « l'habillage » des animaux de boucherie est souvent enclin à soustraire tout ou partie des lésions rencontrées sur l'*animal abattu*.

Le garçon boucher supprime les ganglions *tuberculeux* et notamment ceux du hile, du poumon (2), de l'entrée de la poitrine, du médiastin, du diaphragme; les lésions *échinococciques* (« boules d'eau ») des viscères, les abcès du foie...

L'existence fréquente de lésions *tuberculeuses à la surface de la plèvre* ou du péritoine chez les bovidés adultes occasionne assez souvent la manœuvre déloyale suivante : le boucher incise la membrane séreuse à la périphérie des insertions du muscle du diaphragme, la décolle et l'arrache entièrement sur tout ou partie de la paroi atteinte. A première vue, il est assez facile de commettre une erreur d'inspection ; toutefois, si l'on exa-

---

(1) Les maladies du tube digestif, celles des organes de la reproduction et les affections microbiennes très graves constituent la cause la plus fréquente des abatages de cet ordre. Dans les quatre cinquièmes des cas d'intoxication par la viande, on trouve à l'origine un abatage opéré d'urgence.

(2) Il est utile de savoir que des incisions exploratrices permettent de retrouver accolé à la bronche, dans le tissu du poumon (au niveau du lobe médian), un petit ganglion inconnu des bouchers.

mine avec minutie la surface de la paroi ainsi traitée, on s'aperçoit vite que le lisse et le brillant de la plèvre font défaut et que la décortication dont elle a été l'objet a laissé des traces (filaments de tissu fibreux.....). Il est indiqué dans ce cas de rechercher les ganglions profonds afin de voir s'ils ne sont pas atteints de tuberculose.

D'une manière générale, il convient de considérer comme suspecte toute viande qui a été l'objet d'un « *épluchage* », soit pour accident dont la nature échappe à la personne chargée de la réception des viandes, soit pour maladie avec localisation plus ou moins nette. On peut donner comme exemple le cas d'un bovidé atteint de charbon symptomatique dont on aurait éliminé les régions caractéristiques. Si une odeur anormale (odeur de beurre rance) peut être perçue au moment de la section des muscles et si les morceaux présentés sont mal préparés, il y a de fortes présomptions de fraude.

En vue de favoriser le « séchage » des viandes cachectiques et hydroémiques (viandes « mouillées »), les professionnels emploient les courants d'air, l'essuyage à l'aide de linges secs, etc. Dans ce cas, il convient de compléter l'examen en explorant les muscles fraîchement incisés ; ceux-ci laissent aux doigts une sensation d'humidité très nette.

Une autre fraude d'un usage fréquent consiste *à substituer un organe sain à un organe malade ou défectueux.* Les agneaux jeunes et maigres sont quelquefois parés de la « toilette » (1) des agneaux gras. Dans ce cas, la comparaison que l'on peut établir entre le degré d'engraissement général du sujet et l'état de graisse de l'organe permet de rétablir la vérité.

Il arrive que l'on présente à l'inspection des animaux malades dont *l'adhérence du poumon n'est que simulée.* Le poumon tuberculeux a été détaché ; on lui a substitué un poumon sain attaché à l'entrée de la poitrine à l'aide d'une petite cheville en bois placée dans la trachée. Celle-ci est habilement cachée ; elle n'est visible que si l'on détache le poumon en incisant les tissus au niveau de l'adhérence simulée. La fraude est fréquente lorsque les professionnels savent que l'inspecteur n'opère pas en personne l'ablation du poumon.

---

(1) Feuillet de la séreuse qui flotte dans l'abdomen et se charge de graisse.

Il convient aussi d'être mis en garde contre la fraude qui consiste à préparer pour l'armée des morceaux hors catégorie dits « *paillasses fourrées* » ; le boucher fait glisser entre les plans musculaires des morceaux de dernier ordre, des fragments inutilisables de joue, de collier, de flanchet, et prépare, la compression aidant, une sorte de bloc de chair d'un prix de revient très faible.

La fraude qui consiste à surajouter aux morceaux débités des os *qui ne proviennent pas des viandes livrées* peut se produire. Pour l'éviter, il convient de toujours exiger que les os adhèrent naturellement aux viandes et de ne jamais accepter les viandes désossées, qu'elles soient *roulées* ou non.

Il arrive aussi que le boucher tente de fournir de la « bajoue » au lieu d'épaule. La fraude est facile à voir. L'os de l'épaule présente une arête sur la face externe ; le maxillaire inférieur n'a pas d'épine semblable.

Parfois les *coupes sont pratiquées avec intention de tromper* (1). Les coupes utilisées en boucherie sont généralement perpendiculaires ou parallèles à l'axe du corps ou à la direction des membres. Au moment où le boucher détache les aloyaux et les autres morceaux de première catégorie dont il conserve la propriété (fournitures par bêtes, demi-bêtes ou quartiers), il y a lieu de s'assurer que les coupes sont pratiquées dans les conditions normales.

Les morceaux débités ne doivent jamais être *repliés sur eux-mêmes*. Toute coupe incomplète, avec lambeau servant en quelque sorte de charnière, permet de supposer que les parties cachées des morceaux présentés ne sont pas partout irréprochables.

En vue de faire admettre des viandes de qualité inférieure, le boucher est tenté de *mélanger quelques morceaux de qualité médiocre ou douteuse à d'autres morceaux plus nombreux et de bonne qualité*. Cette fraude est facile à déjouer. Un peu d'attention permet de reconnaître les morceaux provenant de plusieurs animaux, lorsque l'engraissement diffère quelque peu.

---

(1) Un collier coupé obliquement peut fournir un rendement en chair très réduit (10 p. 100 en moins).

L'ablation du morceau dit « de saignée », faite trop largement peut avoir le même effet.

Il convient de rappeler aussi que les animaux mâles sont quelquefois *émasculés peu de temps avant la vente pour la boucherie* (1). Le cas se produit souvent en ce qui concerne la viande de mouton. Les bouchers s'efforcent de réduire ou de masquer, par de savantes manœuvres, les saillies musculaires que forment les régions du cou et du garrot. L'examen attentif de l'ensemble de l'animal ne permet pas de commettre une erreur. Autre signe facile à constater : les moutons tardivement châtrés ont une verge volumineuse (2).

Quant aux fraudes qui portent sur la *nature même de la viande* (viande de vache livrée pour de la viande de bœuf, ...), elles ne sont possibles que dans les fournitures en morceaux débités. Dans la plupart des cas, un examen attentif permet cependant de ne pas laisser frauder. L'erreur n'est pas possible lorsqu'il s'agit de viandes livrées par quartiers (3).

Des fraudes peuvent se produire par addition d'antiseptiques aux viandes livrées.

Les *sulfites et bisulfites alcalins* jouissent de la propriété de conserver une coloration rouge plus ou moins vive aux viandes altérées par un début de fermentation microbienne. L'opération dite du « trempage », c'est-à-dire l'immersion des viandes à conserver dans un bain antiseptique, ainsi que le saupoudrage avec les « *sels de conserve* » sont absolument interdits. Lorsqu'on aura des raisons pour suspecter l'emploi d'antiseptiques, et notamment des bisulfites, on fera procéder à la recherche de ces agents conservateurs par un laboratoire outillé à cet effet. On devra toujours comparer l'état d'altération des parties superficielles largement exposées à celui des parties situées au fond des replis ou anfractuosités formées par la rencontre des plans musculaires, le trempage ou le saupoudrage agissant surtout en surface (4).

---

(1) Les Marocains qui livrent des moutons au marché de Marnia agissent souvent ainsi.

(2) L'ablation des testicules pratiquée frauduleusement après l'abatage, de manière à cacher le sexe, est facile à établir : le cordon testiculaire du bélier présente un aspect caractéristique lorsque la section a été faite *post mortem*.

(3) Voir les chapitres des caractères différentiels des diverses viandes.

(4) En dehors de ces fraudes, il en existe d'autres qu'une bonne surveillance permet de prévenir.

Elles portent sur les *substitutions* opérées dans les voitures transpor-

SECTION VIII

CONTRÔLE ET INSPECTION DE LA VIANDE

§ 1er. — *Achats.*

Lorsque les corps de troupe sont pourvus de viande fraîche par achats directs d'animaux sur pied ou de viande abattue, ces achats doivent être effectués par les officiers d'approvisionnement ou les commandants de détachements, assistés par les vétérinaires ou les médecins des corps.

Les détachements de faible importance, lorsqu'ils doivent s'approvisionner directement, achètent de la viande abattue qui est examinée par un vétérinaire ou un médecin et, à défaut, par un officier désigné à cet effet ; ce dernier se fait seconder, s'il le juge utile, par un militaire du détachement de la profession de boucher, charcutier ou cuisinier.

§ 2. — *Marquage des animaux sur pied.*

Les animaux achetés doivent être marqués au fer rouge ou, de préférence, à l'aide du procédé de plombage à l'oreille, en donnant à la rondelle en zinc ou tout autre objet métallique un numéro d'ordre. L'extrémité de la corne peut aussi être sciée ; la partie coupée est alors gardée par le vétérinaire ou le médecin qui, par un simple rapprochement avec la corne, s'assure que la bête abattue est bien celle acceptée sur pied.

Toute bête doit porter, au moment de l'achat, une marque apposée par le fournisseur, qui devra être inscrite sur le registre de visite.

Ce document devra mentionner, si le fournisseur le demande, les marques spéciales qui auraient été apposées sur l'animal par le vendeur de celui-ci.

---

tant les viandes de l'abattoir au corps de troupe (emploi de couvertures, de bâches pour cacher les viandes...), l'usage de *fausses estampilles*, le *décalque* des marques officielles à l'aide de papier à cigarette ou même de la peau de l'avant-bras et le transfert de l'estampille décalquée sur une viande soustraite à la visite sanitaire.

Ces formalités sont indispensables, afin de permettre à l'administration militaire de retrouver le vendeur pour l'application éventuelle des nullités de vente prévues par les lois en vigueur.

§ 3. — *Examen des animaux après abat.*

L'abatage, la saignée et l'habillage ayant été faits avec soin, les animaux sont examinés sur le lieu de l'abat, la peau restant adhérente au sommet de la tête et les poumons à la trachée ; les autres organes thoraciques et abdominaux sont placés à proximité.

Le vétérinaire ou le médecin s'assure de l'identité des animaux par la reconnaissance de la marque appliquée avant l'abatage.

Il procède ensuite à l'examen de la salubrité de la viande par une inspection minutieuse des abats, des séreuses et des grandes cavités, des chaînes et groupes ganglionnaires, etc..., et se livre à toutes les investigations susceptibles de l'éclairer.

Il se rend compte de la qualité et du degré d'embonpoint en observant l'état des dépôts graisseux, du grain et de la consistance de la viande.

§ 4. — *Dispositions relatives aux animaux atteints de tuberculose.*

Lorsque les vétérinaires constatent la tuberculose sur des animaux livrés vivants à l'armée, ils se conforment aux dispositions ci-après :

Quelle que soit l'étendue des lésions, ils établissent un procès-verbal d'estimation et de saisie comportant les renseignements suivants :

a) Nom et adresse du propriétaire ;

b) Signalement complet de l'animal (marque du propriétaire);

c) Nature de la maladie (localisée ou généralisée) ;

d) Valeur de l'animal (poids de la viande nette et prix d'adjudication ou d'achat au kilogramme, valeur du cuir).

Si la saisie n'est que partielle, on fait connaître, en plus des renseignements donnés au paragraphe d), les parties rejetées de la consommation et le poids de la viande acceptée, ainsi que sa valeur. On indiquera, en outre, si le cuir est acheté avec la viande ou s'il reste au propriétaire.

Ce procès-verbal (unique pour l'estimation et la saisie) est établi en double. L'un des exemplaires est remis au propriétaire de l'animal, l'autre est adressé immédiatement par le commandant d'armes ou du cantonnement au préfet du département dans lequel le propriétaire est domicilié.

Lorsque les vétérinaires militaires, opérant comme inspecteurs (manœuvres, service aux armées) ont saisi des viandes tuberculeuses, ils les feront dénaturer et enfouir. Les frais de cette opération incomberont au corps ou à l'établissement auquel l'animal était destiné.

§ 5. — *Réception, distribution et conservation de la viande à l'intérieur des corps de troupe et détachements.*

Lorsque les gestionnaires de troupeaux de ravitaillement livrent la viande aux officiers d'approvisionnement des corps et aux détachements, dans des centres de distribution fixés à l'avance, elle doit être fournie « estampillée ».

Au moment de l'arrivée de la viande dans les cantonnements, celle-ci doit, dans toutes les circonstances, être l'objet d'un nouvel examen par les vétérinaires, les médecins ou l'officier désigné dans les détachements, en raison des conditions souvent défectueuses du transport ou des circonstances atmosphériques qui peuvent en modifier la salubrité. En outre, dans le cas où elle devra subir un nouveau transport, elle sera l'objet d'un nouvel examen avant sa remise aux unités.

Lorsqu'une viande est reconnue impropre à la consommation, les chefs de corps ou de détachement adresseront d'urgence un rapport circonstancié au sous-intendant militaire chargé de la vérification des comptes de ce corps, ou au sous-intendant militaire de la division en manœuvres ou aux armées pour l'établissement d'un procès-verbal de pertes et avaries.

Si, au moment du débit, la reconnaissance était faite d'altérations non apparentes (traumatisme, abcès profond), un rapport circonstancié et un procès-verbal de pertes et avaries seraient établis dans les mêmes conditions.

§ 6. — *Registre de visite.*

Les officiers d'administration gestionnaires de troupeaux de ravitaillement, les corps de troupe et les commandants de détachement ouvriront un registre de visite conforme au modèle indiqué ci-après.

Ces registres, tenus par les gestionnaires des troupeaux, les officiers d'approvisionnement des corps et les commandants de détachement, seront présentés aux vétérinaires et médecins chargés de l'inspection sanitaire, qui devront y inscrire le résultat de leur examen.

Dans les détachements qui ne pourront faire inspecter la viande par un vétérinaire ou un médecin, ce registre, ouvert seulement pour la partie relative à la viande abattue, sera tenu et émargé par l'officier désigné pour assurer cet examen.

*Contexture du registre de visite à tracer au fur et à mesure des besoins
par les corps ou les services intéressés.*

CORPS D'ARMÉE.   MODÈLE.

Corps
ou
service.

Section VII, § 6.
Contrôle et inspection
des viandes.

REGISTRE DE VISITE

*des animaux sur pied et de la viande abattue présentés à l'examen
des vétérinaires ou médecins chargés de l'inspection des viandes.*

Ou bien, pour les détachements (à défaut de vétérinaires ou médecins) :

REGISTRE DE VISITE

*de la viande abattue, tenu et émargé par l'officier chargé
de l'examen de la viande.*

Le présent registre, contenant   feuillets, a été coté et paraphé par
nous, Sous-Intendant militaire.

A   le   19

DATE.	Noms des fournisseurs.	DÉTAIL SUR PIED.				VIANDE ABATTUE.		DÉTAIL SUR PIED OU VIANDE ABATTUE.		
		Nature des animaux.		Marques diverses.	Indication de la robe et autres renseignements signalétiques.	Désignation de la nature de la viande.	Nature des distributions. — Quartiers ou morceaux débités.	Avis.		Émargement.
		Bœufs.	Vaches.					du l'officier chargé de la réception.	du vétérinaire ou médecin.	

SECTION IX (1)

Charcuterie.

Suivant les circonstances et les ressources du pays, on peut être amené à faire entrer la charcuterie dans l'alimentation des troupes.

Toutefois, on ne doit pas perdre de vue que la préparation de certains produits, tels que saucisses, boudins, chipolatas, andouillettes, etc., comporte des manipulations qui peuvent se prêter à l'addition frauduleuse de matières altérées, nocives, ou simplement dépourvues de valeur nutritive ; aussi, doit-on exclure ces produits de l'alimentation, à moins d'avoir la certitude que la qualité des matières premières et les procédés de préparation ne peuvent être suspectés.

Cette interdiction, absolue en temps de paix, n'est pas maintenue pour le temps de guerre. Néanmoins, on devra s'abstenir, autant que possible, de faire consommer aux hommes de la charcuterie non cuite et des préparations au sang. En outre, les produits de charcuterie devront toujours être, au point de vue de la qualité, soumis à un contrôle sévère, de la part des commandants d'unité et des officiers d'approvisionnement. En cas de doute, on consultera le vétérinaire ou le médecin.

---

(1) Nouvelle rédaction. (Notification du 30 avril 1910, *B. O.*, p. 764.)

MODÈLES

* ARMÉE
—
CORPS D'ARMÉE
—
² DIVISION.
—
Corps ou service.

BON

DE DISTRIBUTIONS

faites par (2)
à (2)

Art. 24
de l'instruction du
23 janvier 1910.

(1) Indiquer l'organe
livrancier.
(2) Indiquer la partie
prenante, l'unité ou le
groupe d'isolés.

DÉSIGNATION des DENRÉES.	QUANTITÉS demandées (en chiffres).	QUANTITÉS PERÇUES		OBSERVATIONS
		en chiffres.	en toutes lettres.	

A   , le (a)

Le (b)

Signature (c) :

(a) Date de la perception.
(b) Fonction du signataire.
(c) Nom du signataire.

DÉTAIL NOMINATIF (1).				OBSERVATIONS.
NOMS.	Grades.	Emplois.	Nombre de rations.	
				(1) A ne remplir que pour les isolés ou groupes d'isolés.

ARMÉE.
—
CORPS D'ARMÉE.
—
DIVISION.
—
Corps *ou* service.

FOURNITURES
REMBOURSABLES.
—
BON
DE DISTRIBUTIONS
faites par (1)
à (2)

MODÈLE N° 2.
—
Art. 24
de l'instruction du
23 janvier 1910.

(1) Indiquer l'organe livrancier.
(2) Indiquer la partie prenante, l'unité ou le groupe d'isolés.

DESIGNATION des DENRÉES.	QUANTITÉS demandées (en chiffres).	QUANTITÉS PERÇUES.		PRIX.	DÉCOMPTE.	OBSERVATIONS.
		en chiffres	en toutes lettres.			

ARRÊTÉ le présent bon à la somme de

A   , le (a)

Le (b)

Signature (c) :

(a) Date de la perception.
(b) Fonction du signataire.
(c) Nom du signataire.

DÉTAIL NOMINATIF (1).				OBSERVATIONS.
NOMS.	Grades.	Emplois.	Nombre de rations.	

(1) A ne remplir que pour les isolés ou groupes d'isolés.

· ARMÉE.
—
· CORPS D'ARMÉE.
—
· DIVISION.
—
Corps ou service.
—
Détachement.

SERVICE DES SUBSISTANCES MILITAIRES.

Modèle N° 3.
—
Art. 33
de l'instruction du
23 janvier 1910.

CARNET A SOUCHE DE FACTURES

(ᵉ carnet.)

Le présent carnet, contenant   factures, a
été remis à

Le   19

Le Sous-Intendant militaire,

CARNET A SOUCHE DE FACTURES.

L'achat et le payement sont constatés, soit par une facture si la dépense totale excède 10 francs, soit par une quittance si la dépense est égale ou inférieure à 10 francs. Ces factures et quittances sont extraites de carnets à souche délivrés aux corps et services par les fonctionnaires de l'intendance (modèles nᵒˢ 3 et 4).

Avant d'être remises à l'officier d'approvisionnement, les factures sont timbrées (timbre de dimension et timbre de quittance) dans un corps de troupe par l'officier payeur, dans un service, par le gestionnaire.

L'avance des frais de timbre est faite au titre du service des subsistances ; ces frais sont précomptés au livrancier lors du payement ; les corps et gestionnaires rentrent ainsi dans les avances qu'ils ont faites.

Sur chaque facture ou quittance, le fournisseur appose son acquit (1) et l'officier d'approvisionnement, la mention de prise en charge.

Si, à la fin des opérations, des factures timbrées n'ont pas été employées, elles sont conservées par les corps de troupe ou les gestionnaires, soit comme avance provisoire faite par le corps ou service des subsistances, soit comme valeur faisant partie des fonds de ce service, au lieu et place du numéraire.

Les dispositions concernant les frais de timbre de dimension et de quittance cessent d'être applicables aux armées opérant sur un territoire ennemi ou étranger.

---

(1) Si le fournisseur est illettré ou ne peut écrire, la déclaration en est faite sur la facture ou la quittance par l'officier d'approvisionnement, qui la signe et la fait signer par deux témoins présents au payement, quelle que soit l'importance de la somme payée. (Article 196, paragraphe 10, de l'instruction du 30 juillet 1903, volume 24.)

COMPTABILITÉ EN DENIERS DE LA GUERRE.

° ARMÉE
—
° CORPS D'ARMÉE.
—
° DIVISION.
—
° BRIGADE.
—
Corps ou service.

FACTURE N°

DES

FOURNITURES FAITES

à M. (1)
par M. (2)
à (3)
le (4)   19 .

DÉTAIL des FOURNITURES.	QUANTITÉS	PRIX	DÉCOMPTE	OBSERVA- TIONS.
A reporter......		(A)		

(1) Officier d'approvisionnement, commandant d'unité, chef de détachement.
(2) Nom et adresse du fournisseur.
(3) Localité, département.

° ARMÉE.
—
° CORPS D'ARMÉE.
—
° DIVISION.
—
° BRIGADE.
—
Corps ou service.

FACTURE N°

DES

FOURNITURES FAITES

à M. (1)
par M. (2)
à (3)
le (4)   19 .

MODÈLE N° 3.
—
Art. 33 de l'instruction du 23 janvier 1910.

Timbre
de dimension
de
60 centimes.

DÉTAIL des FOURNITURES.	QUANTITÉS.	PRIX.	DÉCOMPTE.	OBSERVATIONS.
A reporter......		(A)		

(1) Officier d'approvisionnement, commandant d'unité chef de détachement.
(2) Nom et adresse du fournisseur.
(3) Localité, département.
(4) Date.

COMPTABILITÉ EN DENIERS DE LA GUERRE.

DÉTAIL des FOURNITURES.	QUANTITÉS	PRIX.	DÉCOMPTE.	OBSERVATIONS.
Report...				
TOTAL......		(A)		Ci..............
				Timbres....... 0'70
				RESTE à payer.

CERTIFIÉ la présente facture s'élevant à la somme de (A) dont quittance.

    A   , le   19 .

Le Fournisseur,

Reçu et pris en charge.

    A   , le   19 .

    Le (1)   Vu:

Le Sous-Intendant militaire,

(1) Officier d'approvisionnement, commandant d'unité, chef de détachement.

Timbre quittance de 10 centimes,

DÉTAIL des FOURNITURES.	QUANTITÉS	PRIX	DÉCOMPTE	OBSERVATIONS.
R port...				
TOTAL......		(A)		
			0 70	
Timbres..				
RESTE à payer...				

CERTIFIÉ conforme à la facture dont le montant s'élève à la somme de (A)

    A   , le   19 .

    Le (1)

        Vu:

Le Sous-Intendant militaire,

(1) Officier d'approvisionnement, commandant d'unité, chef de détachement.

* ARMÉE.
—
* CORPS D'ARMEE.
—
* DIVISION.
—
Corps *ou* service.
—
Détachement.

SERVICE DES SUBSISTANCES MILITAIRES.

MODÈLE Nº 4.
—
Art. 33
de l'instruction
du 23 janvier 1916.

CARNET A SOUCHE DE QUITTANCES.

(* Carnet.)

Le présent carnet, contenant   quittances, a
été remis à

Le   19   .
Le Sous-Intendant militaire,

CARNET A SOUCHE DE QUITTANCES.

L'achat et le payement sont constatés, soit par une facture si la dépense totale excède 10 francs, soit par une quittance si la dépense est égale ou inférieure à 10 francs. Ces factures et quittances sont extraites de carnets à souche délivrés aux corps et services par les fonctionnaires de l'intendance (modèles n°s 3 et 4).

Avant d'être remises à l'officier d'approvisionnement, les factures sont timbrées (timbre de dimension et timbre de quittance) dans un corps de troupe, par l'officier payeur, dans un service, par le gestionnaire.

L'avance des frais de timbre est faite au titre du service des subsistances; ces frais sont précomptés au livrancier, lors du payement; les corps et gestionnaires rentrent ainsi dans les avances qu'ils ont faites.

Sur chaque facture ou quittance, le fournisseur appose son acquit (1) et l'officier d'approvisionnement, la mention de prise en charge.

Si, à la fin des opérations, des factures timbrées n'ont pas été employées, elles sont conservées par les corps de troupe ou les gestionnaires, soit comme avance provisoire faite par le corps ou service des subsistances, soit comme valeur faisant partie des fonds de ce service, au lieu et place du numéraire.

Les dispositions concernant les frais de timbre de dimension et de quittance cessent d'être applicables aux armées opérant sur un territoire ennemi ou étranger.

_____

(1) Si le fournisseur est illettré ou ne peut écrire, la déclaration en est faite sur la facture ou la quittance par l'officier d'approvisionnement, qui la signe et la fait signer par deux témoins présents au payement, quelle que soit l'importance de la somme payée (Article 196, paragraphe 10, de l'instruction du 30 juillet 1903, volume 24.)

COMPTABILITÉ EN DENIERS DE LA GUERRE.

* ARMÉE.
—
' CORPS D'ARMÉE.
—
* DIVISION.
—
' BRIGADE.
—
Corps ou service.

QUITTANCE N°

DES

FOURNITURES FAITES

à M. (1)
par M. (2)
à (3)
le (4)   19

DÉTAIL des FOURNITURES.	QUANTITÉS.	PRIX.	DÉCOMPTE.	OBSERVA-TIONS.
À reporter........		(A)		

(1) Officier d'approvisionnement, commandant d'unité, chef de détachement.
(2) Nom et adresse du fournisseur.
(3) Localité, département.
(4) Date.

Modèle N° 4.
—
Art. 33 de l'instruction
du 23 janvier 1910.

* ARMÉE.
—
' CORPS D'ARMÉE.
—
* DIVISION.
—
' BRIGADE.
—
Corps ou service.

QUITTANCE N°

DES

FOURNITURES FAITES

à M. (1)
par M. (2)
à (3)
le (4)   19

DÉTAIL des FOURNITURES.	QUANTITÉS.	PRIX.	DÉCOMPTE.	OBSERVATIONS.
À reporter......		(A)		

(1) Officier d'approvisionnement, commandant d'unité, chef de détachement.
(2) Nom et adresse du fournisseur.
(3) Localité, département.
(4) Date.

DÉTAIL des FOURNITURES.	QUANTITÉS.	PRIX.	DÉCOMPTE.	OBSERVATIONS.
Report...				
TOTAL...... (A)				

Le soussigné reconnaît avoir reçu la somme de (A) valeur des fournitures désignées ci-dessus,

A   , le   19

Le Fournisseur,

Reçu et pris en charge.

A   , le   19

Le (1)

Vu :

Le Sous-Intendant militaire,

(1) Officier d'approvisionnement, commandant d'unité, chef de détachement.

COMPTABILITÉ EN DENIERS DE LA GUERRE.

DÉTAIL des FOURNITURES.	QUANTITÉS.	PRIX	DÉCOMPTE	OBSERVATIONS.
Report...				
TOTAL...... (A)				

Certifié conforme à la quittance dont le montant s'élève à la somme de (A)

A   , le   19

Le (1)

Vu :

Le Sous-Intendant militaire,

(1) Officier d'approvisionnement, commandant d'unité, chef de détachement.

° ARMÉE.

° CORPS D'ARMÉE

° DIVISION.

° BRIGADE.

Modèle N° 5.

Art. 39
de l'instruction du
23 janvier 1910.

CARNET A SOUCHE

DE BONS DE DEMI-JOURNÉES DE NOURRITURE PAR RÉQUISITION.

CARNET A SOUCHE DE BONS DE DEMI-JOURNÉES DE NOURRITURE
PAR RÉQUISITION.

Les petits détachements et les isolés (reconnaissances d'officier, patrouilles, postes de correspondance, estafettes, vélocipédistes, télégraphistes, etc.) reçoivent de l'officier qui les envoie en mission des bons de demi-journée de nourriture remplis à l'avance ; ces bons, extraits de carnets à souche, tiennent lieu à la fois d'ordre de réquisition et de reçus de prestations.

Ils doivent porter toutes les indications nécessaires pour permettre de les imputer à l'unité au titre de laquelle ils ont été établis. Ils sont délivrés directement aux fournisseurs qui les remettent à la municipalité, chargée d'en poursuivre le remboursement, comme s'il s'agissait de prestations requises.

No

Feuillet N°

BON

DE

DEMI-JOURNÉE DE NOURRITURE
PAR RÉQUISITION.

Modèle N° 5.
—
Art. 39
de l'instruction du
23 janvier 1910.

(A) Corps, service, détachement
(B) Unité, groupe d'isolés.
(C) Nom et grade de celui qui délivre le bon (chef de corps, de détachement, d'unité, officier d'approvisionnement).
(D) Nombre de repas.
(E) Signalement du détachement ou de l'isolé.
(F) Date de la fourniture (à remplir par le bénéficiaire).
(G) Signature de celui qui délivrera le bon (ch...
(H) Signature du bénéficiaire.

(A)

(B)

Nom et fonction du signataire qui délivre le bon. } (C)

M.   , demeurant à   , est
requis de fournir (D)   repas, à (E)   de l'effectif de :
, le (F)   , 19   .

Composition du repas.

Le présent bon tient lieu d'ordre et de reçu de réquisition, il est remis en échange de la fourniture.

Pour le payement, l'intéressé le remettra à la municipalité qui peut en obtenir le remboursement:

1° En s'adressant à un officier d'administration gestionnaire des subsistances; ou: 2° en employant le procédé habituel du remboursement des réquisitions.

Le   19   .

(G)

Reçu (D)   repas.

Le   19   .

(H)

MILITAIRES   SUBSISTANCES

Nom et grade du signataire qui délivre le bon............ }

Nombre de repas.... }

Composition du repas }

Nom du signataire du reçu .... }

Effectif du détachement............ }

Date du bon........ }

Date de la fourniture. }

* ARMÉE.
* CORPS D'ARMÉE.
* DIVISION.   (A)
* BRIGADE.

MODÈLE N° 6.

Art. 43
de l'instruction du
23 janvier 1910.

CARNET A SOUCHE

DE BONS DE RÉAPPROVISIONNEMENT.

(A) Indication du corps ou service.

CARNET A SOUCHE DE BONS DE RÉAPPROVISIONNEMENT.

Pour la perception des denrées que le service des subsistances est chargé de lui fournir, l'officier d'approvisionnement établit, en son nom et au titre du corps ou service auquel il appartient, un bon de réapprovisionnement (modèle n° 6), qui est distinct par organe de ravitaillement du service des subsistances.

Ce bon à talon est extrait d'un carnet à souche; il est numéroté, daté, signé par l'officier d'approvisionnement. Il indique la nature des fournitures, les quantités demandées (en chiffres), et celles réellement perçues (en chiffres et en lettres).

Les quantités sont arrondies :

A la dizaine de pains, pour le pain biscuité ;
Au poids net de la caisse entière, pour le pain de guerre, le potage salé, la viande de conserve ;
Au poids net du sac ou à la dizaine de kilogr., pour les petits vivres (riz, légumes secs, sel, sucre, café torréfié en grains) et l'avoine ;
Au poids net d'un quartier ou à la dizaine de kilogr., pour le lard ;
Au poids net du récipient ou à la dizaine de kilogr., pour le saindoux ;
Au poids net du fût complet ou au litre, pour les liquides.
Au kilogramme pour le tabac.

SUBSISTANCES MILITAIRES

Left form

ARMÉE.
—
* CORPS D'ARMÉE.
—
* DIVISION.

BON
DE
RÉAPPROVISIONNEMENT.
Numéro :
—

Arme..........
Corps ou service.
Détachement.....
—

M. (2)

DÉSIGNATION des FOURNITURES.	QUANTITÉS perçues (en chiffres).	OBSERVATIONS.
1	2	3
Pain biscuité.........		
Pain de guerre......		
Sucre...............		
Café { en grains..... / en tablettes.....		
Riz................		
Légumes secs.......		
Sel................		
Conserves de viande		
Potage salé.........		
Lard...............		
Eau-de-vie.........		
Avoine.............		
Tabac caporal.......		
— de cantine.....		

Right form

* ARMÉE.
—
* CORPS D'ARMÉE.
—
* DIVISION.

BON
DE
RÉAPPROVISIONNEMENT.
Numéro :
—

Livraison faite par (1)
géré par M.
officier d'administration,
à M. (2)
—

Arme..........
Corps ou service.
Détachement.....

MODÈLE Nº 6.

Art. 43
de l'instruction du
23 janvier 1910.

(1) Préciser le magasin chargé du ravitaillement et le nom du gestionnaire qui en est chargé.

(2) Nom et grade de l'officier d'approvisionnement ou de l'officier chargé de la perception.

(3) Date de la perception conforme à celle du talon.

(4) Les chiffres de la colonne 4 sont les différences entre les colonnes 2 et 3.

DÉSIGNATION des FOURNITURES.	DOTATION réglement.ⁱˢ du train régimentaire.	QUANTITÉS existantes dans le T. R.	QUANTITÉS à demander (4) (en chiffres)	QUANTITÉS réellement perçues. en chiffres.	en lettres.	OBSERVATIONS.
1	2	3	4	5	6	7
Pain biscuité.........						
Pain de guerre......						
Sucre...............						
Café { en grains..... / en tablettes.....						
Riz................						
Légumes secs.......						
Sel................						
Conserves de viande						
Potage condensé.....						
Lard...............						
Eau-de-vie.........						
Avoine.............						
Tabac caporal.......						
— de cantine.....						

DÉSIGNATION des FOURNITURES. 1	DOTATION réglement.ᵃ du train ré- gimentair*. 2	QUANTITÉS existantes dans le T. R. 3	QUANTITÉS à deman- der (4) (en chiffre*) 4	QUANTITÉS réellement perçues		OBSER- VATIONS. 7
				en chiffres 5	en lettres. 6	

A . le (3)

L

(1) Préciser le magasin chargé du ravitaillement et le nom du gestionnaire qui en est chargé.

(2) Nom et grade de l'offi- cier d'approvisionnement ou de l'officier chargé de la perception.

(3) Date de la perception conforme à celle du talon.

(4) Les chiffres de la co- lonne 4 sont les différences entre les colonnes 2 et 3.

SUBSISTANCES MILITAIRES

DÉSIGNATION des FOURNITURES. 1	QUANTITÉS perçues (en chiffres). 2	OBSERVATIONS. 3

Date du ravitaillement :

Désignation du magasin :

Nom de l'officier d'administration gestionnaire :

Centre de ravitaillement :

Modèle N° 7

—

Art. 46
de l'instruction du
23 janvier 1910.

e ARMÉE

—

e CORPS D'ARMÉE

—

e DIVISION

—

e BRIGADE

(A)

CARNET A SOUCHE

DE BONS DE RÉAPPROVISIONNEMENT EN VIANDE

(A) Indication du corps ou service.

CARNET A SOUCHE DE BONS DE RÉAPPROVISIONNEMENT EN VIANDE

La viande fraîche fournie par le troupeau de ravitaillement est livrée par l'officier d'administration gérant du troupeau, soit sur pied, soit abattue, contre un bon de réapprovisionnement (modèle n° 7) établi suivant les prescriptions générales de l'article 43.

Si le bétail est livré sur pied, le bon indique : le nombre d'animaux livrés, les marques et le poids brut de chacun d'eux ; ces données sont extraites du registre des entrées et sorties du troupeau et servent à l'officier d'approvisionnement, pour compléter le bon au moment de la livraison.

Si la viande est fournie abattue, le bon indique le poids net arrondi au kilogr.

La viande demi-salée est fournie dans les mêmes conditions que la viande fraîche. La viande frigorifiée ou congelée est amenée par des convois spéciaux jusqu'au centre de ravitaillement des voitures à viande, ou exceptionnellement livrée aux gares de ravitaillement.

Les petites unités reçoivent la viande abattue soit d'un corps de troupe qui effectue lui-même l'abat, soit du service des subsistances.

* ARMÉE.
—
* CORPS D'ARMÉE.
—
* DIVISION.

BON
DE RÉAPPROVISIONNEMENT
EN VIANDE.
Numéro :

Arme..........
Corps ou service.
Détachement.....

DÉTAIL LIVRÉ SUR PIED.				VIANDE ABATTUE.		OBSERVATIONS.
Nature de l'animal.	Nombre de têtes reçues.	Marques.	Poids livré.	Nature.	Quantités perçues.	

Date du ravitaillement :
Désignation de l'organe de ravitaillement :
Nom de l'officier d'administration gestionnaire :
Centre de ravitaillement :

SUBSISTANCES MILITAIRES

* ARMÉE.
—
* CORPS D'ARMÉE.
—
* DIVISION.

BON
DE RÉAPPROVISIONNEMENT
EN VIANDE.
Numéro :

Livraison faite par (1)
géré par M.
officier d'administra-
tion, à M. (2)

Arme..........
Corps ou service.
Détachement ....

DÉTAIL LIVRÉ SUR PIED				VIANDE ABATTUE.		OBSERVA-TIONS.
Nature de l'animal.	Nombre de têtes reçues.	Marques.	Poids brut.	Nature.	Quantités perçues.	

A .... le (3).

L.

MODÈLE Nº 7.
—
Art. 46
de l'instruction
du 23 janvier 1910.

(1) Préciser l'organe de ravitaillement.
(2) Nom et grade de l'officier d'approvisionnement ou de l'officier chargé de la perception.
(3) Date de la perception conforme à celle du talon.

ᵉ ARMÉE.

ᵉ CORPS D'ARMÉE.

ᵉ DIVISION.

d

ᵉ BRIGADE.

(¹) Vivres, fourrages, chauffage, selon le cas.

Corps de troupe, service, détachement.

ᵉ TRIMESTRE.

SERVICE D (¹)

MODÈLE Nᵒ 8.

Art. 53
de l'instruction du
23 janvier 1910.

Nᵒ 380
de la nomenclature.

Déposé cejourd'hui et inscrit immédiatement sous le nᵒ   au registre spécial d'entrée des pièces de comptabilité (art. 74 du règlement du 3 avril 1869).

A   le   19   .

Le Sous-Intendant militaire,

RELEVÉ RÉCAPITULATIF

*des achats effectués et des certificats de payement
de demi-journées de nourriture.*

NUMÉROS		NOMS ET RÉSIDENCES des FOURNISSEURS.	DATES des FOURNITURES.	Quantités.	Prix.	Deniers.	Quantités.	Prix.	Deniers.
des factures.	des quittances.								
			TOTAUX......		....			....	

ABRÉTÉ à la somme de

A   , le   19   .

L'Officier payeur,

Quantités.	Prix.	Deniers.	Quantités.	Prix.	Deniers.	Quantités.	Prix.	Deniers.	Quantités.	Prix.	Deniers.	MONTANT par FOURNIS-SEUR des dépenses dont le détail est au verso.	TOTAL par FOURNIS-SEUR.

<table>
<tr><td>

PRISE EN CHARGE.

Pris en charge les fournitures mentionnées sur le présent relevé.

A , le 19 .

L'Officier d'administration gestionnaire,

</td><td>

ORDONNANCEMENT.

Vu et vérifié le présent relevé s'élevant à la somme totale de
laquelle a été ordonnancée ce jour en un mandat n° (chapitre , article du budget).

A , le 19 .

Le Sous-Intendant militaire,

</td></tr>
</table>

Détail des dépenses (1) portées en bloc d'autre part.

NOMS des FOURNISSEURS.	DESIGNATION DES DENRÉES, MATIÈRES et objets mobiliers.	QUAN-TITÉS.	PRIX de l'unité	MONTANT		OBSERVA-TIONS.
				par nature de dépense.	par fournis-seur.	
TOTAL......						

(1) On ne doit inscrire que les dépenses qui, en raison du nombre restreint de colonnes, ne peuvent figurer, en détail, au *recto*.

ARMÉE.

CORPS D'ARMÉE. **BON DE REMBOURSEMENT.**

_____ DIVISION.   Numéro :

Modèle N° 9

Art. 53
de l'instruction du
23 janvier 1910.

Officier gestionnai-
re ayant pris en
charge les den-
rées désignées ci-
dessous ....   M.

Arme.............
Corps *ou* service...
Détachement ......

M.   , officier payeur (*ou* de détails).

DÉSIGNATION des FOURNITURES (1).	QUANTITÉS FOURNIES		PRIX de l'unité.	DÉCOMPTE.	OBSERVATIONS.
	en toutes lettres.	en chiffres.			

(1) Denrées achetées ou repas payés.

| DÉSIGNATION des FOURNITURES (1). | QUANTITÉS FOURNIES | | PRIX de l'unité. | DÉCOMPTE. | OBSERVATIONS. |
	en toutes lettres.	ou chiffres.			

(1) Denrées achetées *ou* repas payés.

A   , le (a)   19 .

L'Officier payeur (ou de détails),

Signature :

(a) Date de la prise en charge des denrées par le gestionnaire.

* ARMÉE.
—
•CORPS D'ARMÉE.
—
e DIVISION

d

Désignation
du corps,
quartier général
ou service.

Modèle n° 10.
—
Art. 55
de l'instruction du
23 janvier 1910.

JOURNAL DES ENTRÉES ET SORTIES.

Iʳᵉ Partie. — *Entrées et Sorties.*

JOURNAL DES ENTRÉES ET SORTIES.

L'officier d'approvisionnement tient un journal mensuel des entrées et sorties (modèles nᵒˢ 10 et 11) sur lequel il inscrit distinctement les opérations de sa gérance indiquées ci-dessous, dans l'ordre où elles on été indiquées, savoir :

a) Aux entrées :

1º Les quantités de denrées, reçues lors de la prise en charge du train régimentaire, les vivres de débarquement et ceux de réserve perçus pour être distribués aux unités ;

2º Les sommes reçues de la caisse du corps et celles provenant de la vente des issues vénales du bétail abattu ;

3º Toutes les quantités de denrées provenant d'achats, de réquisitions, de livraisons par le service des subsistances, de prises sur l'ennemi, etc. ;

4º Les demi-journées de nourriture requises par l'officier d'approvisionnement.

b) Aux sorties :

1º Les vivres de débarquement et de réserve distribués aux unités à la mobilisation (art. 27);

2º Le montant en argent des factures et quittances d'achats:

3° Les sommes versées à la caisse du corps ;

4° Les quantités de denrées distribuées à chaque partie prenante ;

5° Le nombre de demi-journées de nourriture requises par l'officier d'approvisionnement et fournies à chaque partie prenante ;

6° Les pertes, déchets ou avaries, justifiés par des procès-verbaux établis dans le délai réglementaire de quarante-huit heures par le sous-intendant et rapportés par lui.

Lorsque l'officier d'approvisionnement achète directement du bétail sur pied ou en reçoit du service des subsistances, il porte d'abord en entrée le nombre d'animaux dont il a pris livraison, puis en sortie le nombre de ceux qu'il a fait abattre ; en regard du chiffre des entrées, il mentionne le poids brut des animaux et leurs marques, s'ils ont été livrés par le service des subsistances. Il inscrit ensuite aux entrées les quantités de viande provenant de l'abat, et en sortie celles qu'il a distribuées.

Les inscriptions faites au journal doivent comporter toutes les références nécessaires pour suivre et contrôler les opérations.

A cet effet, doivent y figurer notamment : 1° les numéros des factures et quittances d'achats, des reçus de prestations requises et des bons de réapprovisionnement ; 2° les noms et qualités des livranciers (municipalité, particulier, gestionnaire des subsistances) ; 3° la désignation explicite de chaque partie prenante.

Pour faciliter les écritures, le journal se compose de deux parties séparées, l'une destinée à recevoir l'inscription des entrées et des sorties, l'autre à faire la balance journalière de ces opérations.

Il est visé par le major tous les dix jours (les 1er, 11 et 21 du mois).

En fin de mois, l'officier d'approvisionnement arrête le journal des entrées et sorties, puis le verse à l'officier payeur avec les pièces justificatives qui n'auraient pas été remises à cet officier.

ENTRÉES.

DÉTAIL des OPERATIONS.	ENTRÉES.
NUMÉRO AU REGISTRE.	
DENIERS.	
Pain biscuité.	
Pain de guerre.	
Riz.	
Légumes secs.	
Sel.	
Sucre.	
Café en grains.	
Café en tablettes.	
Conserves de viande.	
Potage salé.	
Lard.	
Viande fraîche abattue.	
Vin.	
Eau-de-vie.	
Nombre de têtes.	
Marques.	
Poids brut.	
Hommes.	
Chevaux.	
Foin.	
Paille.	
Avoine.	
PAILLE DE COUCHAGE.	
Bois.	
Charbon.	
DIVERS.	

VIVRES.

BÉTAIL sur pied.

Demi-journée de nourriture.

FOURRAGES.

CHAUFFAGE.

SORTIES.

NUMÉRO AU REGISTRE.	DÉTAIL des OPÉRATIONS.	DENRÉES.	VIVRES.														BÉTAIL sur pied.			Demi-journée de nourriture.		FOURRAGES.			PAILLE DE COUCHAGE.	CHAUFFAGE.		DIVERS.
			Pain biscuité.	Pain de guerre.	Riz.	Légumes secs.	Sel.	Sucre.	Café en grains.	Café en tablettes.	Conserves de viande.	Potage salé.	Lard.	Viande fraîche abattue.	Vin.	Eau-de-vie.	Nombre de têtes.	Marques.	Poids brut.	Hommes.	Chevaux.	Foin.	Paille.	Avoine.		Bois.	Charbon.	
SORTIES.																												

* ARMÉE.
—
* CORPS D'ARMÉE.
—
* DIVISION

Désignation
du corps,
quartier général
ou service.

Modèle nº 11
—
Art. 55
de l'instruction du
23 janvier 1910.

JOURNAL DES ENTRÉES ET SORTIES.

IIe PARTIE. — *Balance journalière des Entrées et Sorties.*

JOURNAL DES ENTRÉES ET SORTIES.

L'officier d'approvisionnement tient un journal mensuel des entrées et sorties (modèles nos 10 et 11) sur lequel il inscrit distinctement les opérations de sa gérance indiquées ci-dessous, dans l'ordre où elles ont été indiquées, savoir :

a) Aux entrées :

1º Les quantités de denrées reçues lors de la prise en charge du train régimentaire, les vivres de débarquement et ceux de réserve perçus pour être distribués aux unités ;

2º Les sommes reçues de la caisse du corps et celles provenant de la vente des issues vénales du bétail abattu ;

3º Toutes les quantités de denrées provenant d'achats, de réquisitions, de livraisons par le service des subsistances, de prises sur l'ennemi, etc. ;

4º Les demi-journées de nourriture requises par l'officier d'approvisionnement.

b) Aux sorties :

1º Les vivres de débarquement et de réserve distribués aux unités à la mobilisation (art. 27);

2º Le montant en argent des factures et quittances d'achats;

3° Les sommes versées à la caisse du corps ;

4° Les quantités de denrées distribuées à chaque partie prenante ;

5° Le nombre de demi-journées de nourriture requises par l'officier d'approvisionnement et fournies à chaque partie prenante ;

6° Les pertes, déchets ou avaries, justifiés par des procès-verbaux établis dans le délai réglementaire de quarante-huit heures par le sous-intendant et rapportés par lui.

Lorsque l'officier d'approvisionnement achète directement du bétail sur pied ou en reçoit du service des subsistances, il porte d'abord en entrée le nombre d'animaux dont il a pris livraison, puis en sortie le nombre de ceux qu'il a fait abattre ; en regard du chiffre des entrées, il mentionne le poids brut des animaux et leurs marques, s'ils ont été livrés par le service des subsistances Il inscrit ensuite aux entrées les quantités de viande provenant de l'abat, et en sortie celles qu'il a distribuées.

Les inscriptions faites au journal doivent comporter toutes les références nécessaires pour suivre et contrôler les opérations.

A cet effet, doivent y figurer notamment : 1° les numéros des factures et quittances d'achats, des reçus de prestations requises et des bons de réapprovisionnement ; 2° les noms et qualités des livranciers (municipalité, particulier, gestionnaire des subsistances) ; 3° la désignation explicite de chaque partie prenante.

Pour faciliter les écritures, le journal se compose de deux parties séparées, l'une destinée à recevoir l'inscription des entrées et des sorties, l'autre à faire la balance journalière de ces opérations.

Il est visé par le major tous les dix jours (les 1er, 11 et 21 du mois).

En fin de mois, l'officier d'approvisionnement arrête le journal des entrées et sorties, puis le verse à l'officier payeur avec les pièces justificatives qui n'auraient pas été remises à cet officier.

Catégorie	DÉTAIL des OPÉRATIONS	Entrées	Sorties	Reste, ressources disponibles	Entrées	Sorties	Totaux	Reste, ressources disponibles	Entrées	Sorties	Totaux	Reste, ressources disponibles
	DATES.											
	NUMÉRO AU REGISTRE.											
VIVRES.	DENIERS.											
	Pain biscuité.											
	Pain de guerre.											
	Riz.											
	Légumes secs.											
	Sel.											
	Sucre.											
	Café en grains.											
	Café en tablettes.											
	Conserves de viande.											
	Potage salé.											
	Lard.											
	Viande fraîche abattue.											
	Vin.											
	Eau-de-vie.											
BÉTAIL SUR PIED.	Nombre de têtes.											
	Marques.											
	Poids brut.											
DEMI-nourriture de nourriture.	Hommes.											
	Chevaux.											
FOURRAGES.	Foin.											
	Paille.											
	Avoine.											
	PAILLE DE COUCHAGE.											
CHAUFFAGE.	Bois.											
	Charbon.											
	DIVERS.											

*Instruction relative au cours technique et au stage
des officiers d'approvisionnement.*

Paris, le 4 mars 1911.

La présente instruction a pour objet de régler l'organisation
et le programme du cours technique et des stages prévus à l'article 12 de l'instruction du 23 janvier 1910 sur le service de l'approvisionnement dans les corps et services.

ORGANISATION GÉNÉRALE.

Le cours technique a une durée d'une semaine pleine (du
lundi inclus au samedi inclus) pour tous les officiers du cadre
actif, de la réserve et de l'armée territoriale proposés pour exercer les fonctions d'officier d'approvisionnement (1).

Les stages ont une durée de trois semaines pleines pour les
officiers de l'armée active et de la réserve, et de huit jours pour
les officiers de l'armée territoriale, non compris les jours d'arrivée et de départ.

Le cours technique fonctionne pendant la première semaine
du stage, pour les officiers de l'armée active et de la réserve, et
pendant la période du stage, pour les officiers de l'armée territoriale (2).

L'un et l'autre sont organisés dans la garnison de l'escadron
du train des équipages militaires (3) du corps d'armée.

---

(1) Les formations de guerre du génie ne comportant pas d'officier d'approvisionnement, chaque régiment ou bataillon détaché du génie désigne
un officier tous les deux ans pour suivre le cours technique. Cet officier
sera ensuite chargé, dans son régiment ou bataillon, de l'instruction technique à donner aux sous-officiers qui doivent être employés au service
de l'approvisionnement pendant les manœuvres ou en campagne, sous
l'autorité du commandant d'unité.

Des cas analogues à celui qui précède pourront se présenter pour d'autres armes ou d'autres services; on s'inspirera des dispositions applicables à l'arme du génie pour assurer, dans tous ces cas, l'instruction du personnel chargé du service de l'approvisionnement.

(2) Lorsque l'organisation du cours technique ne nécessite pas le déplacement d'officiers d'artillerie ou de cavalerie, les conférences peuvent être
espacées de manière à se trouver réparties sur toute la durée du stage.
(Circ. du 7 juin 1912, *B. O.*, p. 851.)

(3) En Algérie-Tunisie, dans une des garnisons où sont stationnées les
compagnies du train. Lorsqu'il en résulte une économie importante de frais
de déplacement ou de plus grandes facilités d'instruction, les cours techniques peuvent être organisés dans les garnisons d'artillerie ou de cavalerie. (Circ. du 7 juin 1912.)

Conformément aux dispositions de l'article 38 de l'instruction du 2 février 1909 relative aux officiers et assimilés de complément, les officiers convoqués seront répartis en deux séries :

1re série. — Officiers du cadre actif et de la réserve de l'armée active (officiers des corps de troupe montés ou non et officiers d'administration).

2e série. — Officiers de l'armée territoriale (officiers des corps de troupe montés ou non et officiers d'administration).

La convocation des officiers de réserve coïncidera toujours avec le début du stage à accomplir au train des équipages par les officiers du cadre actif.

Parmi les officiers d'administration appelés à exercer les fonctions d'officier d'approvisionnement, sont seuls convoqués pour accomplir un stage et suivre le cours technique ceux qui sont affectés en cette qualité aux quartiers généraux, ambulances et hôpitaux de campagne.

Les convocations sont, autant que possible, établies de manière que le stage et le cours technique puissent commencer ensemble un lundi.

FONCTIONNEMENT DES COURS ET DES STAGES.

1re série. — Les officiers des corps de troupe non montés et les officiers d'administration de la 1re série suivent à la fois le cours technique et le stage.

Les officiers des corps de troupe montés de cette 1re série ne suivent que le cours technique ; à l'issue de ce cours, ils sont s'il y a lieu renvoyés à leur corps, où les officiers de réserve terminent leur période d'instruction.

2e série. — Le cours technique à faire aux officiers de la 2e série coïncide avec le stage à accomplir au train des équipages.

Les conférences sont intercalées dans les exercices de ce stage, mais en réduisant toutefois le développement de l'enseignement théorique et pratique concernant les services de l'intendance afin de laisser plus de temps pour l'instruction à donner par le train des équipages pendant la courte durée du stage.

Par dérogation aux prescriptions de l'instruction du 23 janvier 1910 (art. 12), les officiers de l'armée territoriale appartenant à des corps montés seront astreints au stage comme les officiers des corps de troupe non montés ; les deux catégories d'officiers (montés ou non) suivront donc à la fois le cours et le stage.

LIEUX DE CONVOCATION.

Les officiers sont convoqués à l'escadron du train des équipages militaires de la région où ils résident (1).

EMPLOI DU TEMPS.

L'emploi du temps du cours et du stage est arrêté par le général commandant le corps d'armée, sur l'initiative du service de l'intendance qui s'entend au préalable avec l'escadron du train des équipages intéressé.

Le cours technique est professé par un sous-intendant militaire, désigné par le général commandant le corps d'armée, sur la proposition du directeur de l'intendance. Ce fonctionnaire se déplace s'il est nécessaire. Il est secondé par un vétérinaire militaire pour la conférence sur le bétail.

L'enseignement donné au cours technique comprend une partie théorique et une partie pratique, la première devant être réduite au minimum indispensable, et la seconde devant être, au contraire, développée autant qu'il sera possible.

Le cours comporte, en principe, six conférences et des visites d'établissements (2).

Une salle de conférence sera affectée à ce cours.

PROGRAMME.

A titre d'indication, deux programmes sont annexés à la présente instruction, l'un concernant le cours technique, l'autre l'enseignement du stage dans l'escadron du train.

En ce qui concerne le cours technique, ce programme ne constitue qu'un guide ; la plus grande latitude devra être laissée aux fonctionnaires de l'intendance qui en sont chargés, pour leur permettre d'y apporter toutes modifications qu'ils jugeraient utiles ; il est rappelé notamment que ce programme devra être réduit, en ce qui concerne l'enseignement à donner aux officiers de l'armée territoriale. A l'issue des conférences et séances pratiques, auront lieu des interrogations, à la suite desquelles des notes seront données par les conférenciers à chaque officier convoqué.

---

(1) Eventuellement, dans la garnison d'artillerie ou de cavalerie où doit fonctionner le cours technique.
(2) Circulaire du 7 juin 1912.

En ce qui concerne le stage au train des équipages, la plus grande latitude est laissée aux instructeurs pour plier le programme aux circonstances de lieu et de temps. Dans tous les cas, il doit conserver un caractère plutôt pratique que théorique.

IMPRIMÉS.

Les imprimés nécessaires pour les travaux pratiques de comptabilité à exécuter par les officiers suivant le cours technique seront prélevés sur les collections entretenues par l'escadron du train des équipages au titre du service de l'approvisionnement, en exécution des prescriptions de l'article 12 et de l'annexe n° 2 de l'instruction confidentielle du 27 juin 1904.

A l'issue de ce cours, les imprimés utilisés seront remplacés gratuitement, dans les conditions indiquées par le 6° alinéa de l'article 13 de l'instruction susvisée, par analogie avec ce qui est prévu pour les imprimés employés pour les besoins des manœuvres.

RAPPORTS A FOURNIR.

En fin de cours et de stage, les sous-intendants militaires chargés des cours techniques et les commandants des escadrons du train établissent chacun un rapport sur les résultats obtenus, auquel ils joignent les programmes effectivement réalisés. Ces rapports et les notes obtenues par les officiers convoqués sont adressés au général commandant le corps d'armée, qui transmet les notes aux chefs de corps ou de service sous les ordres desquels les officiers sont placés.

Le 10 janvier de chaque année, le général commandant le corps d'armée adresse au Ministre (5° Direction ; Cabinet ; Mobilisation) un rapport d'ensemble faisant ressortir les résultats obtenus au cours de l'année précédente et les améliorations qu'il pourrait être utile d'apporter au fonctionnement de l'enseignement en question. Les rapports des sous-intendants et des commandants des escadrons du train sont annexés à cet envoi. Jusqu'en 1914 inclus, ces rapports feront ressortir, s'il y a lieu, les modifications qu'il pourrait être utile, pour l'avenir, d'apporter à la présente instruction.

MESURES TRANSITOIRES CONCERNANT LE COURS TECHNIQUE.

Tous les officiers (active, réserve et territoriale) désignés pour exercer les fonctions d'officier d'approvisionnement, devront être convoqués au cours des années 1911 à 1914 inclus pour suivre le cours technique, qu'ils aient déjà ou non accompli un stage au train des équipages.

Ceux de ces officiers qui auraient déjà accompli un stage au train des équipages militaires seront renvoyés à leurs corps à l'issue du cours technique ; toutefois, pour les officiers de l'armée territoriale, ce cours tiendra lieu de période d'instruction.

DISPOSITIONS SPÉCIALES AUX TROUPES COLONIALES.

La présente instruction est applicable aux troupes coloniales, sous réserve des dispositions suivantes :

Le général commandant le corps d'armée des troupes coloniales est avisé, par les commandants de corps d'armée intéressés, des dates de convocation.

Les commandants de corps d'armée lui adressent, en outre, les notes obtenues par les officiers des troupes coloniales, ainsi que les observations auxquelles le stage et le cours technique ont donné lieu à leur sujet.

Sur le vu de ces renseignements, le général commandant le corps d'armée colonial adresse, le 10 janvier de chaque année, au Ministre (8e Direction), en ce qui concerne les officiers des troupes coloniales, le rapport dont la production est prescrite au paragraphe « Rapports à fournir ».

ANNEXE N° 1.

PROGRAMME DU COURS TECHNIQUE

Nota. — La répartition des matières entre les six conférences n'est donnée qu'à titre d'indication. Il appartiendra aux conférenciers d'apprécier dans quelle mesure chaque question doit être développée ; en particulier, ils pourront, s'ils le jugent utile, augmenter les développements concernant les matières figurant au programme de la deuxième conférence, sauf à en exposer une partie dans la première conférence.

1re CONFÉRENCE (1).

COMMENTAIRE DE L'INSTRUCTION DU 15 FÉVRIER 1909 SUR L'ALIMENTATION EN CAMPAGNE.

Devoir et action du commandement.

Organisation générale du service d'alimentation en campagne.

Personnels de direction et d'exécution. Attributions de la direction. Rôle des personnels d'exécution.

Ressources en denrées de toute nature. Catégories d'approvisionnements de réserve entretenus en temps de paix.

Procédés divers d'alimentation et de ravitaillement en campagne.

Ravitaillement en pain et en viande fraîche.

Exposer le fonctionnement de divers organes de ravitaillement en suivant les denrées et le bétail depuis la station-magasin jusqu'à leur arrivée aux trains régimentaires et aux troupes.

Exercice sur la carte (2).

2e CONFÉRENCE (1).

COMMENTAIRE DE L'INSTRUCTION DU 23 JANVIER 1910 SUR LE SERVICE DE L'APPROVISIONNEMENT DANS LES CORPS ET SERVICES.

Attributions de l'officier d'approvisionnement, en temps de paix et en temps de guerre. Personnel, matériel et moyens de transport mis à sa disposition. Constitution et sectionnement des trains régimentaires. Perception des approvisionnements de réserve prévus pour les corps, états-majors, etc., leur répartition sur les hommes et les voitures. Marche des trains régimentaires ; leur place.

Direction administrative et technique des fonctionnaires de

---

(1) Les conférences seront autographiées et un exemplaire en sera remis à chacun des officiers suivant le cours.

La dépense, qui ne devra pas dépasser dix francs par cours et par an, sera imputée au chapitre des vivres.

L'escadron ou le régiment auprès duquel fonctionne le cours technique en fera l'avance.

(2) Exemple : Un régiment à l'effectif de tant d'hommes et de chevaux occupe tels ou tels cantonnements ou bivouacs; indiquer les moyens à employer pour son ravitaillement dans diverses hypothèses.

l'intendance ; relations de ces fonctionnaires avec les officiers d'approvisionnement.

Rôle des officiers d'approvisionnement dans l'exécution du service d'alimentation.

Recherche et évaluation des ressources des pays traversés.

Ravitaillement des trains régimentaires pour le pain et les denrées de toute nature, y compris le tabac. Ravitaillement en viande fraîche.

Distribution, exécution des distributions au moyen du matériel mis à la disposition des officiers d'approvisionnement et sans le secours de ce matériel. Mode de gestion et de comptabilité.

Régularisation des distributions et des perceptions.

Travaux pratiques sur la comptabilité de l'officier d'approvisionnement en campagne.

A l'issue de la 2ᵉ conférence, visite d'une voiture à viande.

3ᵉ CONFÉRENCE.

Cette conférence sera faite, autant que possible, dans une manutention, en raison du caractère essentiellement pratique qu'elle doit présenter.

Notions sur les denrées indiquées ci-après :

Pain ordinaire, pain biscuité, pain de guerre.

Aspect extérieur, intérieur, odeur et goût du bon pain.

Défectuosités du pain, leurs causes. Altérations du pain. Durée de conservation. Expérience de chargement du pain ordinaire ou biscuité dans un fourgon, contenance en pain d'un fourgon, d'un wagon.

Conserves de viande. Potages, lard.

Conservation et altérations. Indiquer dans quelles circonstances ces denrées et produits sont distribués et consommés.

Les officiers assisteront, autant que possible, à une distribution de pain et de petits vivres.

4ᵉ CONFÉRENCE.

Cette conférence sera faite, autant que possible, dans une manutention.

Notions sur les denrées et liquides ci-après :

Riz, haricots, sel, sucre, café vert, café torréfié en grains et en tablettes.

Vin, eau-de-vie.

Indiquer leurs caractères distinctifs de bonne ou de mauvaise qualité.

Fraudes sur les denrées et liquides. Commenter très succinctement l'instruction du 12 juin 1908 et le décret du 5 juin 1908.

Expérience de chargement des vivres de campagne et de viande de conserve dans un fourgon.

Denrées de substitution. Pommes de terre, conserves de légumes, pâtes d'Italie, thé, sardines, charcuterie, etc.

Bois de chauffage et charbon de terre.

Examen des instruments ordinaires de pesage (bascule, balances à bras égaux).

Fraudes en matière de pesage (Circulaire du 30 juin 1908).

Examen des objets compris dans le petit outillage à distribution et la série régimentaire d'outils de boucher.

5ᵉ CONFÉRENCE.

Cette conférence sera faite, autant que possible, dans un parc à fourrages.

Notions sur les denrées fourragères.

Foin naturel, artificiel, regains.

Paille de blé, d'avoine, de seigle, paille alimentaire, de litière, de couchage.

Caractères distinctifs du foin et de la paille de bonne qualité. Altérations des foins et de la paille.

Avoine : indiquer les espèces cultivées en France avec leurs caractères particuliers. Poids spécifiques, couleur, odeur, siccité, propreté, altération des avoines.

Orge et avoine d'Algérie.

Fourrages pressés. Indiquer la densité maximum du pressage

Farine d'orge, son et autres denrées de substitution.

Examen d'un pont-bascule.

6ᵉ CONFÉRENCE.

Cette conférence sera faite dans un abattoir.

Examen du bétail sur pied ; bœufs, vaches et moutons.

Aspect général des animaux en bonne santé.

Physionomie des animaux malades.

Etat d'embonpoint, maniements.

Détermination de l'âge par l'examen des dents et des cornes.

Evaluation du poids vif d'après les procédés Quetelet et Dombasle ; comparer les évaluations avec les poids réels trouvés au pesage des animaux.

Marquage des animaux acceptés et refusés.

Soins à donner aux animaux en marche.

Installation de l'abattoir au cantonnement et au bivouac.

Abats, habillage des animaux.

Découpage de la viande en quartiers.

Examen de la viande abattue.

Couleur, consistance, odeur, grain, suc musculaire.

Caractères différentiels des viandes de bœuf, de taureau et de vache, de cheval et de bœuf, de porc et de veau, de chèvre et de mouton.

Fraudes sur les animaux présentés vivants.

Suralimentation destinée à obtenir un poids brut exagéré.

Rajeunissement par le truquage des dents et le limage des cornes pour faire disparaître les sillons.

Fraudes sur les viandes abattues.

Viandes congelées, refroidies, demi-salées.

ANNEXE Nº 2.

PROGRAMME DE L'ENSEIGNEMENT DU STAGE
A L'ESCADRON DU TRAIN DES ÉQUIPAGES

PRINCIPE DE LA CONDUITE DES VOITURES.

Allures réglementaires.

LE HARNACHEMENT.

Description, montage et ajustage.
Entretien.

MATÉRIEL.

Notions d'entretien et de graissage.
Accidents aux voitures.

DU CHEVAL.

Soins à donner aux chevaux.
Blessures du harnachement, remèdes à y apporter.
De la ferrure.

CONDUITE DES COLONNES DE VOITURES.

Organisation d'une colonne.
Fractionnement.
Service dans les marches.
Vitesse de marche.
Haltes.
Placements des voitures pour le ravitaillement.

MESURES DE SURETÉ PENDANT LES MARCHES ET LES HALTES.
CANTONNEMENTS, BIVOUACS.

Formation d'un parc.
Formation d'un bivouac.
Une séance d'équitation par jour.

TABLE DES MATIÈRES

TITRE II.

DISTRIBUTIONS.

TITRE III.

EXPLOITATION DES RESSOURCES LOCALES.

CHAPITRE Iᵉʳ.

DISPOSITIONS GÉNÉRALES.

CHAPITRE II.

ACHATS ET RÉQUISITIONS.

CHAPITRE III.

NOURRITURE CHEZ L'HABITANT.

TITRE IV.

RAVITAILLEMENT DU TRAIN RÉGIMENTAIRE ET DES VOITURES
A VIANDE.

CHAPITRE Ier.

RAVITAILLEMENT DU TRAIN RÉGIMENTAIRE.

---

§ 1er. — *Ravitaillement par les ressources locales.*

CHAPITRE II.

RAVITAILLEMENT EN VIANDE FRAÎCHE PAR LE SERVICE DES SUBSISTANCES.

CHAPITRE III.

RAVITAILLEMENT EN TABAC.

TITRE V.

GESTION ET COMPTABILITÉ. — RÉGULARISATION DES DISTRIBUTIONS ET DES PERCEPTIONS.

CHAPITRE Ier.

GESTION DE L'OFFICIER D'APPROVISIONNEMENT.

CHAPITRE II.

COMPTABILITÉ DU SERVICE DE L'APPROVISIONNEMENT D'UN CORPS DE TROUPE.

CHAPITRE III.

RÉGULARISATION DES DISTRIBUTIONS ET DES PERCEPTIONS.

CHAPITRE IV.

COMPTABILITÉ DU SERVICE DE L'APPROVISIONNEMENT DES QUARTIERS GÉNÉRAUX ET SERVICES.

ANNEXES.

TABLE DES MODÈLES.

TABLE CHRONOLOGIQUE

TABLE ALPHABÉTIQUE

A

B

C

I

J

L

M

N

O

P

R

S

BIBLIOTHÈQUE NATIONALE DE FRANCE
3 7502 01484634 1